미래에는 무얼 먹고 살까?

퓨처 푸드

말로 표현할 수 없을 만큼 사랑하는 부모님께

천천히읽는_과학 9 **퓨처 푸드**—미래에는 무얼 먹고 살까?

글 이수경

펴낸날 2024년 12월 10일 초판1쇄
펴낸이 김남호 | 펴낸곳 현북스
출판등록일 2010년 11월 11일 | 제313-2010-333호
주소 07207 서울시 영등포구 양평로 157, 투웨니퍼스트밸리 801호
전화 02) 3141-7277 | 팩스 02) 3141-7278
홈페이지 http://www.hyunbooks.co.kr | 인스타그램 hyunbooks
ISBN 979-11-5741-425-3 73570

편집 전은남 | 책임편집 류성희 | 디자인 디.마인 | 마케팅 송유근 함지숙

글 ⓒ 이수경 2024

미래에는 무얼 먹고 살까?

퓨처 푸드

이수경 글

현북스

미래에는 무얼 먹고 살까요?

미래에는 어떤 집에서, 무슨 옷을 입고, 무얼 먹으며 살게 될까요?

사람들은 미래 세상을 궁금해합니다. 가끔 뉴스를 보거나 신문을 읽다 보면, 흥미로운 이야기들이 미래 세상을 상상하고 그려 보게 합니다.

이웃 나라의 한 자동차 회사에서 유명한 산기슭에 매력적인 스마트 시티를 조성해 그곳에서 최신 기술을 적용한 자동차나 로봇 공학, 인공지능(AI) 같은 다양한 미래 기술들을 실험할 계획이라는 이야기를 보기도 하고, 사막에 웅대한 라인으로 이어진 스마트 시티를 구축하는 신도시를 건설하고 있다는 흥미진진한 이야기를 만나기도 합니다.

하반신이 마비된 40세 남성이 마치 사이보그가 된 것처럼 뇌와 척수를 연결하는 무선 디지털 통신 장치의 옷을 입고 다시 걷는 데 성공했다는 이야기에 놀랄 때도 있고, 동물에게서 작은 체세포를 떼어 내 실험실에서 배양시켜 사람들이 먹을 수 있는 고기를 만든다는 이야기에 관심을 가지게 될 때도 있습니다.

이처럼 정보가 넘치는 시대에 사는 우리들이지만, 스스로 찾아서 챙겨 보지 않으면 중요한 것도 그저 지나칠 수 있습니다. 미래 세상을 살아갈 우리 친구들이 한 번쯤은 알아보고, 생각해 보면 좋겠다고 느껴져 이 책을 쓰게 되었습니다.

얼마 전에 학생들을 대상으로 미래의 꿈에 대해 설문 조사한 내용을 우연히 보았는데, 상위권에는 교사, 의사, 간호사, 운동선수 같은 직업들이 있었고 유튜브 크리에이터나 연예인 같은 직업들도 있었습니다. 다양한 정보 속에서 살고 있는 학생들이라 미래의 꿈도 다양하고 폭넓을 것 같았는데, 의외로 학생들은 생활 속에서 직접 경험하며 만나는 사람들을 역할 모델로 삼는 경향이 있었다고 합니다.

이 책을 읽은 친구들이 그동안 잘 알지 못했던 새로운 분야에 대해 알게 되고, 깊이 있게 생각도 해 보고, 더 알아보고 싶어 하면 좋겠습니다. 관련 분야에서 활동하는 과학자나 관련된 일을 하는 사람에게 관심을 갖거나 또는 그런 사람이 되고 싶다는 영감을 조금이나마 얻는다면 더할 나위 없이 좋은 일이라고 생각합니다. 발상의 전환, 새로운 발견, 참신한 발명에 대해 인지해서 작은 관심거리도 소중하게 여기고, 깊이 있게 생각해 보며, 생활 속에서 적용하고 경험해 본다면 더욱 좋은 일일 것입니다.

'퓨처 푸드' 과학 캠프에 참가했어요

"이레야! 이리 와서 이것 좀 볼래!"

엄마가 여름방학에 참가할 수 있는 캠프 프로그램을 찾았다며 다급히 이레를 불렀어요. 이레가 득달같이 달려와 작은 책자를 유심히 보며 말했어요.

"퓨처 푸드(Future Food)? 미래의 음식?"

이레가 구독하는 〈에밀어린이신문〉에서 주최하는 여름방학 과학 캠프인데, 주제가 '퓨처 푸드'였어요. 식생활 분야의 과학 기술이 계속해서 발전하고 있는 요즘, 미래에는 어떤 음식을 먹고 살게 될지 매우 궁금해지는 흥미로운 주제였어요.

"이레 네가 꼭 가 봐야 하는 캠프 아니겠니?"

엄마는 고기라면 종류를 가리지 않고 좋아하는 데다 먹

는 것에 진심으로 관심이 많고, 심지어 식품공학 전문 기자가 꿈인 이레한테 꼭 필요한 캠프 프로그램이라며 얼른 참가 신청을 해야 한다고 했어요.

이레는 문득 작년 겨울방학에 '어린이 도시 건축가' 캠프에 다녀왔던 것이 생각났어요. 그때도 레고 만들기에 흠뻑 빠져 있던 이레에게 꼭 맞는 캠프라며 엄마가 추천했는데, 즐겁게 참여했던 기억이 났어요.

"가 볼래요!"

이레는 재미있겠다며, 엄마에게 퓨처 푸드 과학 캠프에 참여하겠다고 말했어요.

월요일 아침, 이레가 엄마, 아빠와 함께 식탁에 둘러앉았어요.

"과학 캠프 가는 날인데, 가방은 빠트린 것 없이 잘 챙겼지?"

약간 들뜬 표정의 이레를 보며 아빠가 물었어요.

"그럼요. 이미 어젯밤에 다 챙겨 놨지요."

오늘은 월요일부터 수요일까지 2박 3일 동안 〈에밀어린이신문〉에서 주최하는 여름방학 과학 캠프에 참가하러 가는 날이에요. 이레는 과학 캠프에서 어떤 친구들과 만나게 될지 벌써 설레었어요.

이레는 일찌감치 과학 캠프에 도착했어요. 등록을 마치고, 엄마와 함께 입소식에도 참여했어요. 입소식과 수료식에는 부모님과 같이 참석할 수 있었는데, 부모님과 함께 온 친구들도 있고 혼자서 온 친구들도 보였어요.

이레는 프로그램 북을 다시 찬찬히 살펴보았어요. 일정은 꽤 빡빡했지만, 새로운 내용의 특강이 많아 기대감은 점점 커졌지요. 매일 저녁에는 연구하는 시간도 있었어요. 과학 에세이도 써야 해서 부담스러웠지만, 연구하는 시간이라니! 이레는 마치 진짜 연구원이 된 것 같은 기분에 어깨가 으쓱했어요.

요즘 이레의 꿈은 식품공학 전문 기자예요. 고기를 너무너무 좋아하는 데다 먹을 것과 식품공학 기술에 유난히 관심이 많고, 글 쓰는 것을 좋아하고, 깜치에게 자연식을 만들어 주며 키우는 정성까지 종합해 생각해 낸 거예요.

이레는 이번 캠프에 참가 신청서를 낼 때 자기소개서도 써냈어요. 이레는 강아지 깜치에게 자연식을 직접 만들어 먹이고 키우면서 경험했던 에피소드와 느낀 점을 써냈어요. 이레는 강아지도 다양하게 먹는 즐거움이 있어야 한다며, 강아지가 먹을 수 있는 음식들을 조사하고 선별해 자연식을 만들어 주고 있거든요.

오리엔테이션에는 5, 6학년 학생들과 중학생들까지 모두 30명이 참여했어요. 30명은 다섯 명씩 팀을 이뤄 여섯 팀으로 나누어졌어요. 이레를 포함해 채윤이, 해나, 근수, 윤찬이까지 또래 친구 다섯 명이 모여 한 팀이 되었지요.

'퓨처 푸드' 과학 캠프 프로그램

첫째 날

9:00	등록
10:00	입소식, 오리엔테이션
12:00~13:00	점심 식사
13:00~15:00	**특강 1. 식물성 고기**
	- 육즙이 자르르 흐르는 햄버거 패티, 알고보니 식물로 만든 고기였어!
15:30~17:30	실험 - 콩고기를 만들어 볼까?
18:00~19:00	저녁 식사
19:00~20:00	**글쓰기 특강- 과학 에세이 쓰기**
	- 과학적인 글도 재미있으면 좋아요!
20:00~21:30	연구하는 시간 (과학 에세이 쓰기)
21:30~22:00	자유 시간

둘째 날

8:00~10:00	아침 식사 및 실험
	- 비교 체험 맛 대 맛
10:00~11:30	**특강 2. 배양육**
	- 실험실에서 고기를 만든다고?
12:00~13:00	점심 식사

13:00~14:30	**특강 3. 곤충 식품**
	- 메뚜기 과자 주세요, 귀뚜라미 빵 주세요!
15:00~16:00	**특강 4. 식물성 우유와 인공 우유**
	- 우유는 변신의 귀재
16:30~18:00	**특강 5. 식물성 달걀**
	- 나도 달걀이라구!
18:00~19:00	저녁 식사
19:00~20:30	연구하는 시간 (과학 에세이 쓰기)
20:30~21:00	자유 시간

셋째 날

8:00~9:00	아침 식사
9:00~11:00	스마트팜(메트로팜) 체험
11:00~12:00	**특강 6. 도시 농업**
	- 도시에서 농사를 짓는다고?
12:00~13:00	점심 식사
13:00~14:30	연구하는 시간 (과학 에세이 쓰기)
14:30~15:30	조별 프리젠테이션
15:30~16:00	자유 시간
16:00	수료식

과학 에세이 쓰기

과학적인 글도 재미있으면 좋아요!

캠프 첫날 저녁에는 글쓰기 특강이 있었어요. 〈에밀어린이신문〉의 과학 전문 기자와 함께하는 특별한 강의였어요. 글쓰기 특강이라니 과학 캠프와는 어울리지 않는 주제처럼 보였지만, 이레는 강의 내내 너무나 공감하는 인상적인 내용에 가슴이 두근거렸어요.

"과학적인 글쓰기란 과학적인 어떤 사실을 글로 사람들에게 전달하는 거예요. 과학적인 글쓰기는 일정한 방법으로 꾸준히 노력하면 누구나 잘 쓸 수 있어요. 주제를 정하고, 사실에 근거해 논리적으로 주장을 펼쳐서 쓰면 돼요. 화려하게 꾸미지 않아도 괜찮아요.

먼저 주제를 정한 후에 연구 과제에 대한 결과를 미리 예측해 가설을 세우고, 자신의 연구 방법을 정해 연구하고 결과를 분석하는 과학 연구 기법을 과학 에세이 같은 글쓰기에도 그대로 적용할 수 있어요.

우리는 과학 없는 삶을 상상하기 힘든 세상에 살고 있어요. 과학자가 아니더라도 과학 에세이를 써 보는 것은 과학과 친해지는 좋은 기회가 될 수 있죠.

과학적인 글도 재미가 있으면 좋아요. 과학의 분야에서 과학자들의 언어로만 속삭이는 건 어려울 수 있거든요. 과학자들도 대중이 쉽게 알아들을 수 있게 재미있는 이야깃거리로 글을 만들어 내면 좋아요. 세계적인 과학 논문도 설득력 있고 쉽게 써야 사람들에게 더 많이 읽히고, 더 잘 인용도 되고요."

과학 분야에서도 재미가 있어서 누구나 쉽게 읽을 수 있는 글을 쓰는 게 중요했어요. 과학적 사실에 근거한 글을 쓰더라도 재미있는 이야깃거리가 있어야 많은 사람이 지루하지 않게 읽고 좋아하니까요. 과학에 대한 사회적 관심이 더욱 커진 요즘, 과학에 대해 서로 소통하려면 과학 글쓰기가 더욱 활발해져야 한다고도 했어요.

일정한 방법으로 꾸준히 노력하면 누구나 잘 쓸 수 있다고 하니 이레는 기분이 좋았어요. 지금은 부족해도 끈기 있게 연습하면 글을 잘 쓸 수 있을 것 같았거든요.

이번 과학 캠프에는 매일 저녁에 연구하는 시간이 있어요. 그날 자신이 경험했던 내용에 대해 연구하고, 과학 에세이를 써 보는 시간이지요. 이레는 지루하지 않고 쉽고 재미있게 써 보겠다고 생각했어요. 비록 짧은 기간이지만 캠프에 있는 동안 몰입해서 일정한 방법으로 꾸준히 노력해 보기로 했어요.

이레는 매일 저녁 마치 진짜 연구원이 된 것처럼 차분하게 연구에 몰입했어요. 그날 들은 강의 내용을 정리하고, 친구들과 서로의 생각을 이야기 나누어 보기도 하고, 궁금했던 것은 좀 더 검색해 보며 관련 주제를 확장해서 더 깊게 알아보았어요. 일기를 쓰는 것처럼 과학 에세이를 써 보기로 했어요.

이제부터 이레는 과학 캠프에서 첫째 날부터 마지막 날까지 경험한 흥미로운 내용들을 차분하게 과학 에세이로 정리해 나갈 거예요.

특강 1

식물성 고기

육즙이 자르르 흐르는 햄버거 패티,
알고 보니 식물로 만든 고기였어!

캠프 첫날, 처음으로 먹은 점심은 수제 햄버거였어요. 고기 러버인 나는 육즙이 자르르 흐르는 부드러운 패티에 신선한 채소를 가득 넣은 햄버거를 음미하며 그 맛에 놀랐어요. 맛있어서 하나 더 먹고 싶다는 생각이 굴뚝같았지요. 그런데 반전이 있었지 뭐예요? 수제 햄버거의 맛있는 패티가 식물성 고기로 만든 패티였다는 거예요. 분명 고기 맛이 났고, 당연히 소고기로 만든 패티라고 생각했는데, 식물들의 조합으로 만든 고기였다니······.

변화하는 세상만큼 식품공학 기술도 빠르게 진화하고 있었어요. 식물성 고기는 이미 시중에서 판매가 시작돼 조금씩 인기를 끌고 있었는데, 나는 이제까지 한 번도 먹어 보지 못했던 거예요.

캠프 첫날, 분명 햄버거를 먹긴 먹었는데, 고기를 먹지 않았다고 해야 할까요? 식물로 만든 고기도 고기니까, 고기를 먹었다고 해야 할까요?

식물성 고기가 뭐예요?

고기는 동물에게서 얻은 것이라 동물성인 줄로만 알았는데, 여러 가지 식물에서 얻은 영양소들을 모으고 합쳐서 만든 식물성 고기도 있었어요.

'식물성 고기'는 채소나 견과류, 콩 같은 식물에서 식물성 단백질을 빼내어 고기의 맛이나 모양과 비슷하게 만든 음식을 말해요. 완두콩, 콩 뿌리, 버섯, 호박, 코코넛 오일 등을 이용해 진짜 고기의 맛과 식감, 모양, 냄새를 느낄 수 있게 하지요.

세계 여러 나라에서 이미 많은 돈을 투자해 식물성 고기를 연구 개발하고 있어요. 아직 소비 시장 규모가 그리 크지 않지만, 10년쯤 후에는 그 규모가 걷잡을 수 없게 커질 거라 예상해요.

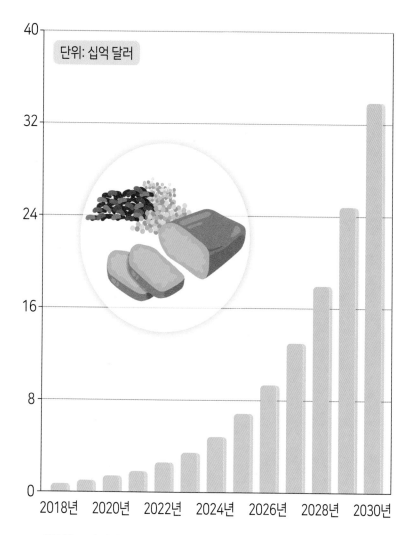

식물성 고기 시장의 규모 미국 기준으로, 짧은 기간 동안 식물성 고기 시장의 규모
가 빠르게 성장했고, 앞으로 더욱 가파르게 성장할 거라는 것을 알 수 있어요.
(자료·그리즐)

왜 식물성 고기를 먹을까요?

　적당한 채식은 다이어트와 건강에 이롭다고 생각하는 사람들이 점점 많아지고 있어요.

　지나친 육식은 비만이나 당뇨, 고혈압, 심장질환 같은 성인병의 원인이 되고 있어요. 건강을 생각하는 사람들에게 고기를 대신할 대안으로 떠오른 것이 바로 식물로 만든 고기예요.

　우리가 먹을 수 있는 고기는 점점 부족해지고 있어요.

　유엔식량농업기구(FAO)에 따르면, 2050년쯤에는 전 세계 인구가 현재보다 20억 명 정도가 더 많아져 95억 명 이상이 될 거라고 해요. 인구가 늘어나는 만큼 사람들이 먹을 고기의 양도 함께 늘어나야 하는데, 그 속도를 따라가기가 무척 힘들지요.

소고기 1kg을 생산하기 위해 15kg 정도의 곡물과 물 1만 5,000ℓ가 필요하다고 하니까요. 이를 식물성 고기 같은 대체 고기로 바꾼다면, 진짜 고기를 얻기 위해 사료로 쓰이는 곡물이나 물 등의 자원 사용량을 훨씬 줄일 수 있어요. 축산업으로 인해 생기는 온실가스 배출도 줄여 환경도 보호할 수 있지요.

동물 생명 윤리에 관한 문제도 있어요.

가축은 대부분 고기를 원하는 소비자들의 넘치는 수요를 메우기 위해 떼로 모아서 길러요. 어떤 가축은 태어나자마자 부리나 꼬리가 잘리기도 하고, 운동이나 산책은커녕 옴짝달싹 못 하는 비좁은 우리에 갇혀 밤낮을 알 수 없는 상태로 사료만 먹기도 하잖아요.

사람들이 고기 먹는 것을 조금씩 줄인다면, 가혹하게 동물을 괴롭히는 일도 줄일 수 있을 거예요.

이처럼 고기는 먹고 싶지만, 건강을 생각하고 지구 환경을 고민하고 동물을 아끼는 이들에게 대안으로 떠오른 것이 바로 식물로 만든 식물성 고기예요.

아래 표에 동물성 고기와 식물성 고기의 특징을 비교해 보았어요.

동물성 고기와 식물성 고기의 특징

	동물성 고기	식물성 고기
생산 방법	가축을 길러서 도축하는 방식	식물에서 식물성 단백질을 빼내어 가공하는 방식
자원 사용량	많음	매우 적음
온실가스 배출량	많음	적음
건강 효과	변화 없음	사람들의 건강에 도움이 되도록 단백질 함량을 높이거나, 콜레스테롤 함량을 줄일 수 있음
안전성	변화 없음	식중독 감소
대량 생산 가능성	높지만, 한계가 있음	높음
생산비	높음	낮음
동물 복지 문제	있음	없음
소비자 기호	계속해서 증가하는 수요	사람마다 다른 식감의 좋고 싫음이 있음

식물성 고기는 어떻게 만들어요?

예전부터 진짜 고기를 대신할 대체 고기로 콩고기가 많이 활용되었다는 걸 알고 있나요? 콩고기는 콩을 갈아서 글루텐과 섞어 굳힌 고기인데, 맛과 식감에서 진짜 고기를 따라가지 못했어요. '글루텐'은 밀, 호밀, 보리, 귀리 같은 식물 속에 들어 있는 식물성 단백질의 혼합물을 말해요. 그러다가 최근에는 식물에서 식물성 단백질을 뽑아내 섬유질과 효모 같은 식물성 원료와 섞어, 진짜 고기와 매우 비슷한 맛과 식감을 내는 식물성 고기를 만들게 되었어요.

잘 알려진 식품 회사 '네슬레'는 2019년에 콩과 밀을 재료로 한 햄버거 패티를 개발했어요. 영국, 독일, 프랑스, 이탈리아, 네덜란드 등 유럽뿐만 아니라 아랍에미리트, 일본 등 세계 여러 나라에는 이미 식물성 고기 시장이 형성

비욘드미트의 식물성 고기 재료 완두콩, 코코넛, 감자, 비트, 미네랄 같은 재료를 조합해 식물성 고기를 만들어요. (사진·**비욘드미트**)

되어 있고, 앞으로 그 시장은 더욱 커질 것으로 기대돼요.

식물성 고기를 만드는 가장 대표적인 기업으로 '비욘드미트'와 '임파서블푸드'가 있어요. 이 두 회사는 식물성 고기 생산 방식에 뚜렷하게 다른 특징이 있어요.

비욘드미트

비욘드미트는 콩, 버섯, 호박 등에서 뽑아낸 식물단백질을 이용해 식물성 고기를 만들어요. 진짜 고기의 붉은 육즙을 표현하기 위해 사탕무라고 불리는 비트를 사용하지요.

비욘드미트는 2013년부터 식물성 단백질로 만든 닭고기, 소고기 다짐육, 햄버거 패티, 소시지 등을 만들고 있어요.

식물성 고기의 생김새와 맛이 진짜 고기와 구별하기 힘들 정도로 기술을 발전시켰어요. 식물성 고기에 대한 사람들의 관심을 불러일으켰고, 판매량도 끌어올렸다는 점에서 좋은 평가를 받고 있어요.

임파서블푸드

식물성 고기를 만든다는 점에서 비욘드미트와 비슷하지만, 임파서블푸드의 생산 방식은 뚜렷이 달라요. 가장 크게 다른 점이라면 임파서블푸드는 핏속 헤모글로빈에 들어 있는 '헴(Heme)' 분자가 고기 맛의 원천이라는 사실을 알아냈다는 거예요. 헤모글로빈은 대개 척추동물의 핏속에서 산소를 나르는 역할을 하는데, 이 헤모글로빈 속 헴에는 철분이 들어 있어서 식물성 고기가 붉은빛을 띠게 하고, 금속성의 쇠 맛을 내게 해 주거든요. 핏빛 액체인 헴을 식물성 단백질과 섞었더니 맛도 색깔도 진짜 고기와 거의

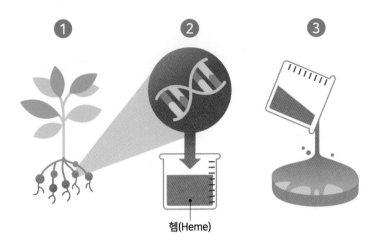

임파서블푸드의 식물성 고기 생산 기술
① 콩의 뿌리혹에서 고기 맛을 내는 헴(Heme)을 빼내요.
② 헴을 효모에 부어 넣어서 배양하면, 대량 생산이 가능해져요.
③ 핏빛 액체인 헴을 식물성 단백질과 섞으면 맛과 색깔이 진짜 고기와 비슷해져요.

비슷해졌어요.

임파서블푸드는 식물인 콩의 뿌리혹에서 뽑아낸 헴을 효모에 넣어서 배양하는 기술로 헴을 대량 생산하는 데도 성공했어요. 감자 단백질을 이용해 진짜 고기를 씹는 듯한 식감을 만들었고, 육즙 대신에 코코넛 오일을 활용했어요. 콩, 밀, 감자 전분, 아몬드, 코코넛 오일 같은 식물성 원료만을 사용해서 만든 식물성 고기는 생김새뿐만 아니라 맛

임파서블푸드의 식물성 고기 재료 임파서블푸드는 감자, 코코넛, 콩, 밀, 아몬드, 헴 등의 재료를 조합해 식물성 고기를 만들어요. (사진·임파서블푸드)

과 향까지, 말하지 않으면 아무도 알아채지 못할 정도로 진짜 소고기와 거의 비슷하다는 평가를 받고 있어요.

이 식물성 고기는 사람들이 직접 기른 소에게서 얻는 진짜 소고기와 비교했을 때 온실가스도 매우 적게 배출해요. 그래서 환경을 생각하는 기업으로 알려지며 미래의 성장 잠재력을 더욱 인정받고 있어요.

식물성 해산물, 맛은 어떨까요?

식물에서 얻은 원료로 식물성 해산물을 만드는 기업들도 있어요.

미국의 '오션허거푸드'는 토마토로 만든 참치 '아히미(AHIMI)'와 가지로 만든 장어 '우나미(UNAMI)'를 개발했어요. 당근으로 연어를 만드는 연구도 한창이지요. 생선 고유의 맛과 식감을 그대로 내기 위해 힘쓰고 있어요.

미국의 '개덜드푸드'에서는 콩 단백질로 만든 참치를 선보였어요. 완두콩, 병아리콩, 렌틸콩, 대두, 누에콩, 흰 강낭콩 등 6가지 콩류를 사용했고, 참치의 맛과 모양을 그대로 표현하기 위해 해조 오일을 덧발라 주었어요.

오션허거푸드의 식물성 해산물 오션허거푸드가 토마토로 만든 참치 '아히미'(왼쪽)와 가지로 만든 장어 '우나미'(오른쪽)예요. (사진·오션허거푸드)

대체 단백질을 만드는 기술은 식물에서 원료를 추출하는 방식, 동물 세포를 떼어내 배양하는 방식, 미생물을 발효시키는 방식 등으로 그 범위를 점점 넓혀 가고 있어요.

더 알아보기

'대체 고기'가 뭐예요?

소고기, 돼지고기, 닭고기, 오리고기처럼 동물에게서 얻는 고기와 맛과 모양을 비슷하게 만들어 낸 고기를 '대체 고기'라고 해요. 대체 고기에는 식물에서 빼낸 단백질로 만드는 식물성 고기, 동물에게서 떼어낸 줄기세포를 크게 키워 만드는 배양육, 곤충 식품 등이 있어요.

우리 생활 속에서 식물성 고기를 찾아볼 수 있나요?

맥도날드는 스웨덴과 덴마크에서 맥플랜트 버거를 판매했는데, 식물성 고기를 만드는 비욘드미트와 손잡고 완두콩에서 추출한 단백질로 식물성 햄버거 패티를 만들었어요. 버거킹에서는 고기가 들어가지 않은 플랜트 와퍼를 만들었지요. 롯데리아에서는 패티와 빵, 소스가 모두 식물성인 미라클 버거를 판매했어요. 고기 없이 고기 맛이 나는 기적이라고 해서 미라클 버거라 이름 붙였지요. 패티는 콩과 밀 단백질을 조합해 고기 식감을 살렸고, 빵과 소스도 대두 같은 식물성 재료를 사용했어요.

우리 주변에서 만날 수 있는 여러 햄버거 프랜차이즈에서 식물성 고기로 만든 햄버거를 판매하고 있어요. 그 맛이 궁금하다면 언제라도 찾아가서 맛볼 수 있어요. 아니, 이미 맛보았을지도 몰라요. 자신도 모르는 사이에 진짜 고기인 줄 알고 식물성 고기를 먹어 보았을 수도 있으니까요.

식물성 고기의 발전에 어려움은 없나요?

그동안 식물성 고기의 성장을 가로막는 요인은 크게 두 가지였어요. 고기의 맛이나 식감을 제대로 표현하지 못하면서도 진짜 고기보다 비싼 가격이 문제였지요. 그러나 기술이 계속 발전하면서 최근에는 진짜 고기와 매우 비슷하게 맛과 식감을 내고 있어요. 가격은 아직 동물성 고기보다 조금 더 비싸기는 해요. 하지만 기술이 빠르게 발전하고 있고, 많은 사람이 계속해서 찾고 있어서 합리적인 가격으로 사 먹을 수 있는 날도 머지않았어요.

콩고기 만들기

집에서도 콩고기를 만들 수 있어요.
콩이 어떻게 고기로 변신하는지, 재료들을 준비해서 맛있는
콩고기를 만들어 볼까요?

준비해요

콩(흰콩 또는 검은콩), 냄비, 믹서, 여러 가지 채소와 견과류(감자, 양파, 마늘, 호두, 땅콩 등), 단백질 가루 등

만들어요

① 콩(흰콩 또는 검은콩) 한 컵을 볼에 담고 물을 부어 8시간 정도 불려요.
② 불린 콩을 30분간 삶아요.
③ 삶은 콩을 믹서에 갈아요.
④ 좋아하는 채소와 견과류를 잘게 다진 후에 콩과 함께 섞어요.

⑤ 반죽에 단백질 가루를 넣고 끈기가 생길 때까지 치대요.

⑥ 치댄 반죽을 먹기 좋은 크기로 동그랗게 빚어요.

⑦ 프라이팬에 기름을 살짝 두르고, 콩고기를 앞뒤로 노릇하게
   익혀요.

⑧ 고기와 콩고기의 식감을 비교해 보며, 맛있게 먹어요.

배양육

실험실에서 고기를 만든다고?

퓨처 푸드 과학 캠프에서 들었던 특강 중에서 가장 흥미로웠던 주제는 바로 배양육에 관한 것이었어요. 과학 캠프에 와서 식물성 고기나 곤충 식품, 식물성 달걀, 식물성 우유 같은 음식들은 먹어 볼 기회가 있었지만, 배양육은 직접 먹어 보지는 못했어요. 아직 우리 생활 속에서 쉽게 찾아보기 힘든 탓이겠지요. 가격도 만만치가 않고요. 그래서 그 맛이 더욱 궁금하기도 하고, 만드는 과정도 색달라서 놀랍기만 한 미래의 대체 고기예요. 더욱 관심이 가는 신기한 기술이지요.

우리나라에서도 한우와 비슷한 맛을 내는 한우 배양육 기술을 개발했다고 하니, 그 맛이 너무 궁금하지 않나요?

배양육이 뭐예요?

'배양육'은 살아 있는 동물의 근육에서 얻은 줄기세포에 영양분을 공급해 실험실에서 키운 고기예요. 만드는 과정에서 환경을 오염시키지 않는다고 해서 '클린 미트(clean meat)'라고도 불려요.

세계 여러 나라에서는 이미 배양육을 잠재 가능성이 큰 중요한 미래의 먹거리로 보고, 활발하게 연구하고 있어요.

네덜란드에서 최초로 배양육을 만드는 데 성공했고, 최근 일본에서는 배양육을 덩어리로 만드는 연구에도 성공했어요. 우리나라도 한우와 비슷한 맛을 내는 한우 배양육 기술을 개발했고, 싱가포르는 세계에서 맨 처음으로 실험실에서 만든 닭고기 배양육의 판매를 승인했어요.

줄기세포를 배양하여 만든 배양육 네덜란드 회사 모사미트에서는 동물에게서 얻은 줄기세포에 영양분을 공급해 실험실에서 배양육을 만들었어요. (사진·모사미트)

"우리는 닭가슴살이나 닭 날개를 먹기 위해 닭을 기르지 않아도 될 것입니다. 적합한 배양액에서 원하는 부위만 각각 따로 만들어 내면 될 테니까요."

– 윈스턴 처칠

이 말은 윈스턴 처칠이 영국 총리가 되기 9년 전인 1931년에, 배양육을 만들 정도로 과학 기술이 발달한 미래 세상을 상상하며 예측한 글이라 매우 흥미로워요. 처칠은 정

배양육 개발을 예측한 처칠 영국의 정치가 처칠은 1931년, 과학 기술이 발달한 미래 세상을 상상하며 배양육이 만들어질 거라 예측했어요. **(사진·픽사베이)**

치가이면서 노벨 문학상을 수상한 작가였고, 그림을 그리는 화가이기도 했어요. 50년 후가 될 거라던 그의 예상보다 40년 정도 더 걸리긴 했지만, 처칠의 상상은 현실이 되었고 배양육 기술은 계속해서 발전하고 있어요.

미항공우주국(NASA)은 우주선 안에서 먹을 단백질 음식을 만들기 위해 배양육 연구를 시작했는데, 1995년에 미국식품의약국(FDA)에서 사용 승인을 받았어요.

배양육 실험은 1999년에 처음으로 성공했어요. 네덜란드 암스테르담대학교의 빌렘 반 엘런 박사가 배양육과 관련된 이론으로 국제 특허를 얻었고, 2002년에는 금붕어에서 근육 조직을 떼어 내 실험실의 접시에서 배양하는 데도 성공했어요.

2013년 8월에는 네덜란드 마스트리흐트대학교의 마크 포스트 교수팀이 소의 줄기세포에서 근육 조직을 배양해 고기를 만들었어요. 세계 최초로 실험실에서 만든 배양육으로 햄버거를 만들고, 시식회도 했지요. 이때 사용한 햄버거 패티는 1개를 만드는 데 무려 32만5,000달러(한화 약 3억6,000만 원)나 들었다지 뭐예요? 이들은 배양육의 맛과 식감을 좋게 만들기 위해 근섬유 외에 기름, 뼈, 피 등을 생산하는 연구도 계속하고 있어요.

배양육은 어떻게 만들어요?

동물을 직접 기르지 않고도 동물의 고기를 얻을 수 있어요. 배양육은 소나 돼지 같은 동물에서 근육 줄기세포를 빼낸 다음, 영양분이 들어 있는 배양액에 넣고 키워서 만들어요. 동물의 근육 조직에서 얻어 낸 줄기세포는 37℃의 배양액에서 수백만 배로 왕성하게 그 수를 늘려 가거든요. 줄기세포는 몇 주 만에 길이 2.5cm, 두께 1mm의 근육 섬유로 성장해요.

이렇게 배양된 조직은 단백질로만 이루어져 있어서 맛과 식감이 좋지 못해요. 그래서 실제 동물의 근육처럼 만들기 위해 전기 자극을 주지요. 또 지방이나 향 등을 첨가해 진짜 고기 맛과 같아지게 해요.

배양육은 콩이나 밀 등에서 얻은 식물성 단백질로 고기

실험실에서 만드는 배양육　배양육은 살아 있는 동물에게서 얻은 줄기세포에 영양분을 공급해 실험실에서 키워요. (사진·게티이미지)

의 맛과 향, 식감을 만들어 내는 식물성 고기와는 만드는 방법이 완전히 달라요. 식물성 고기가 진짜 고기와 비슷한 맛을 내기 위해 첨가물을 좀 더 많이 쓰는 편이고, 배양육은 맛과 단백질 함량이 실제 고기와 거의 같지요.

　2013년 영국에서 세계 최초로 소고기 배양육을 프라이팬에 직접 구워서 먹어 보는 시식회가 생방송으로 중계되었어요. 네덜란드 마스트리흐트대학의 마크 포스트 교수가 의학에 활용되던 줄기세포 기술로 세계 최초로 소고기를 만든 거예요.

마크 포스트 교수는 의과 대학을 졸업하고 나서 생명공학자로서 조직공학을 연구하며 사람의 혈관을 만드는 데 오랜 시간을 보냈어요. '조직공학'이란 손상된 사람의 신체 조직이나 장기를 대신할 수 있는 대체물을 만들어, 신체가 정상적으로 작동하도록 하는 것을 목표로 하는 학문이에요. 그런 그에게 어느 날 익명의 기부자가 체외 배양으로 소고기를 만들어 달라며 거액의 연구비를 기부했어요. 후에 이름을 숨겼던 이 기부자는 구글의 공동 창업주인 세르게이 브린으로 밝혀졌지요.

마크 포스트 교수는 '모사미트'라는 회사를 창업해 연구하면서, 줄기세포 기술을 활용했어요. 소의 근육에서 줄기세포를 빼낸 뒤, 영양분을 주며 배양시켰어요. 그러면 근육 세포가 만들어지고, 세포들은 다시 근섬유처럼 엉켰어요. 이렇게 배양한 2만 개의 근섬유를 둥글려서 햄버거 패티로 만든 거예요. 세계 최초의 배양육 햄버거 패티였지요.

햄버거 패티용 배양육 만드는 방법

① 건강한 동물에게서 배아 줄기세포나 성체 줄기세포를 떼어 내요.

② 근육 조직에서 얻은 성체 줄기세포는 근육 소재로 자라나고, 배아 줄기세포에서 얻은 배아 줄기세포는 순수한 단백질로 자라나요.

③ 실험실의 배양기에 성체 줄기세포와 배아 줄기세포를 넣고, 배양액과 성장 촉진제를 알맞게 넣어 주며 키워요.

④ 자라난 세포에 지방을 입히고, 적절한 전기 자극을 주면 크기가 점점 커져요.

⑤ 자라난 고기 조각들을 갈아서 햄버거 패티를 만들어요.

(자료·네덜란드 마스트리흐트대학교)

소의 몸에서 참깨만 한 크기의 체세포를 떼어 내 배양하면, 그 작은 체세포 하나로 8만 개의 햄버거 패티를 만들 수 있어요. 소는 체세포를 나누어 준 후에도 행복하게 살아갈 수 있지요.

모사미트에서 만든 배양육 세포는 2~3주가 지나면 작은 고기 조각이 되는데, 아직 대형 배양 장비가 개발되지 않아 커다랗고 두툼한 고깃덩어리로 배양하기는 힘들어요. 대부분 다진 고기 형태로 개발 중이지요. 모사미트는 스테이크처럼 큼직한 고깃덩어리를 개발하기 위해 연구에 집중하고 있어요.

2021년 2월 2일, 《네이처》에서 발간하는 국제 학술지 《식품 과학》은 일본 도쿄대학교 연구진이 소고기의 질감을 그대로 본뜬 근육 조직을 배양하는 데 성공했다고 발표했어요.

도쿄대학교 연구진은 배양 기술을 한 단계 발전시켜, 다진 고기 형태가 아닌 스테이크용 고깃덩어리를 바로 만들

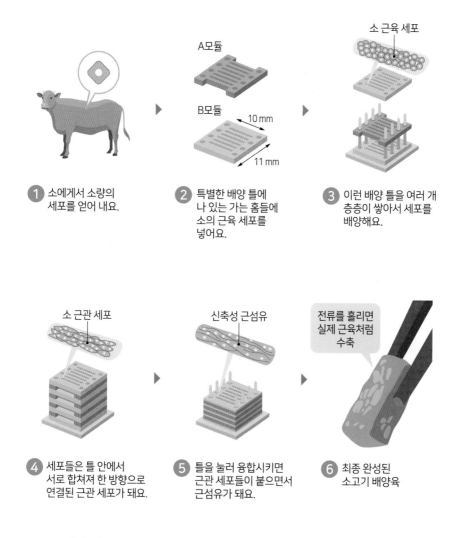

① 소에게서 소량의 세포를 얻어 내요.

② 특별한 배양 틀에 나 있는 가는 홈들에 소의 근육 세포를 넣어요.

A모듈

B모듈

10 mm

11 mm

③ 이런 배양 틀을 여러 개 층층이 쌓아서 세포를 배양해요.

소 근육 세포

소 근관 세포

④ 세포들은 틀 안에서 서로 합쳐져 한 방향으로 연결된 근관 세포가 돼요.

신축성 근섬유

⑤ 틀을 눌러 융합시키면 근관 세포들이 붙으면서 근섬유가 돼요.

전류를 흘리면 실제 근육처럼 수축

⑥ 최종 완성된 소고기 배양육

스테이크용 배양육 덩어리 만드는 방법 일본 도쿄대학교 연구진은 소고기의 질감 을 그대로 본뜬 근육 조직을 배양하는 데 성공했어요. **(자료·일본 도쿄대학교)**

수 있었어요. 소의 세포를 키워서 만든 배양육으로 다진 고기 만드는 것을 뛰어넘어, 스테이크용 덩어리 고기까지 만들 수 있게 된 셈이에요. 도쿄대학교 연구진은 일본의 식품 회사 '닛신'과 함께 고깃덩어리 배양육을 만들어 판매하는 것을 목표로 계속해서 연구에 집중하고 있어요.

왜 배양육을 만들까요?

성장 가능성이 크고, 지속적으로 생산해 낼 수 있어요.

유엔식량농업기구(FAO)는 일찌감치 세계 인구가 늘고, 경제력이 커질수록 육류 수요도 비례해서 증가할 거라 내다보았어요. 가축 사육으로 인한 환경 손상도 뒤따를 거라 경고했지요. 진짜 고기와 맛, 식감이 거의 같은 배양육은 이런 문제를 해결할 좋은 대책이 될 수 있어요. 배양육은 인구 증가에 따라 육류가 부족해지는 현상에 대비해, 지속적으로 생산해 낼 수 있다는 큰 장점이 있거든요.

친환경적이에요.

가축들은 전 세계에서 나오는 온실가스의 거의 15%를 배출해요. 지금 같은 추세라면, 사람들은 2050년까지 육

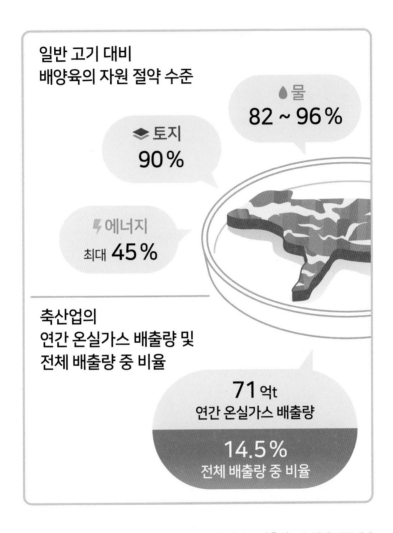

일반 고기 대비
배양육의 자원 절약 수준

💧물
82 ~ 96%

🔲토지
90%

⚡에너지
최대 45%

축산업의
연간 온실가스 배출량 및
전체 배출량 중 비율

71억t
연간 온실가스 배출량

14.5%
전체 배출량 중 비율

배양육의 자원 절약 수준과 축산업의 연간 온실가스 배출량 배양육은 동물에게서 고기를 얻을 때보다 에너지 사용량은 최대 45%, 물은 96%, 사용하는 땅은 90%, 온실가스 배출량은 96%까지 줄일 수 있어요. (자료·유엔식량농업기구)

류를 70%는 더 소비할 거라고 하거든요. 그만큼 온실가스 배출도 92%가 더 증가할 거라 예상돼요. 배양해서 얻는 고기는 동물에게서 고기를 얻을 때보다 에너지 사용량은 최대 45%, 물은 96%, 온실가스 배출량은 96%까지 줄일 수 있어요. 사용하는 땅은 90%나 줄일 수 있지요.

건강을 생각해요.

배양육은 건강한 동물에게서 얻은 세포를 알맞은 조건에서 배양하고 키워서 만들어요. 세포의 유전자를 조작하지 않지요. 고기를 먹을 때 신경 쓰였던 지방과 콜레스테롤 수치를 만드는 과정에서 조절할 수도 있어요. 건강에 해로운 포화 지방산을 오메가3와 같은 유익한 지방산으로 대체하는 것이 가능하거든요. 영양소를 더 좋게 보완하기 위해 비타민과 미네랄 등을 보충할 수도 있어요. 항생제 사용이나 바이러스 감염도 걱정할 필요가 없지요. 만드는 과정에서 오염이나 병균을 차단해 안전한 고기를 생산할 수 있으니까요.

단백질 만드는 기술이 점점 더 발달하고 있어요

3D 프린터를 활용해 배양육을 만들어요.

3D 프린터를 활용해 배양육을 만드는 창의적인 기술력이 점점 발전하고 있어요. 미국의 스타트업 '블루날루'는 세포 배양 방식으로 생선 만드는 기술을 개발했어요.

스페인의 '노바미트'에서는 식물성 단백질과 세포 배양 방식의 장점을 결합한 융합형 소고기를 개발했어요. 3D 프린팅 기술을 이용해 0.1~0.5㎜ 두께의 근섬유를 잉크처럼 뿌리고, 여기에 동물성 지방 세포를 추가해 진짜 소고기 맛과 비슷한 고깃덩어리를 만들었지요. 스페인의 한 미슐랭 레스토랑에서는 이 동식물 융합형 스테이크를 소비자들에게 선보이려 하고 있어요.

이스라엘의 '알레프팜스'는 3D 입체 프린터로 근섬유를

교반기 — 배양액을 계속 저어 세포들이
뭉치지 않고 고루 퍼지게 함

미국 스타트업 '블루날루'에서 생선살을 배양하는 과정

① 생선을 마취한 후, 근육 조직을 떼어 내요.

② 근육 조직에서 줄기세포를 분리해, 효소로 처리해요.

③ 줄기세포를 배양기에 넣고, 상온에서 영양액을 공급해요.

④ 배양액을 원심 분리기에 넣고 회전시켜 세포와 다른 물질을 분리해요.

⑤ 3D 프리터로 농축 세포와 혼합 영양액을 뿌려 원하는 형태로 인쇄해요.

⑥ 완성된 배양 생선으로 다양한 생선 요리를 만들어요.

(자료·블루날루)

3D 입체 프린터 이스라엘 '리디파인미트'의 배양육을 만드는 3D 입체 프린터예요.
(사진·리디파인미트)

잉크처럼 뿌려 꽃등심 스테이크를 만들었어요. 2018년에
세포 배양 방식으로 스테이크용 소고기를 처음 만든 거예
요.

이스라엘의 '리디파인미트'는 3D 프린팅 기술을 활용해
고깃덩어리 배양육 제조 공장을 짓고, 시험적으로 운영할
계획을 가지고 있어요.

공기로 단백질을 만들어요.

'에어프로틴'은 1960년대 미항공우주국(NASA)에서 작성한 《1년 이상 우주에서의 활동을 위한 생명 유지 시스템 연구》라는 보고서에서 아이디어를 얻어 설립된 회사예요. 수소를 에너지원으로 삼는 '수소영양박테리아'라는 미생물은 인체의 장과 토양, 담수 등에서 많이 발견되거든요.

나사는 이 미생물이 이산화탄소를 빨아들여 단백질 가루를 만들어 낸다는 사실을 알아냈어요. 이 미생물을 잘 활용하면 우주에서도 단백질을 스스로 마련할 수 있겠다고 생각했지요. 우주 비행사들이 숨을 내쉴 때 배출하는 이산화탄소를 바로 단백질로 바꾸어 주는 식량 자급 시스템이 되는 셈이니까요. 공기 단백질은 순도 80%로, 콩의 단백질 함유량인 40%에 비해 2배나 높아요. 공기 단백질은 며칠이면 생산할 수 있고, 지속적으로 생산할 수 있다는 장점이 있어요.

핀란드의 스타트업 '솔라푸드'도 공기에서 단백질을 만드는 방법을 개발했어요. 미생물에게 수소와 이산화탄소를

사료용 공기 단백질 '피드카인드' 미국의 생명공학 기업 '컬리스타'는 공기 대신 천연가스에서 추출한 메탄을 이용해 인스턴트 커피 알갱이처럼 생긴 사료용 공기 단백질 피드카인드를 만들었어요. (사진·컬리스타)

먹이로 주면, 미생물이 이것을 먹고 단백질과 탄수화물, 지방을 토해 내는 것을 활용하는 방식이에요.

　미국의 생명공학 기업인 '컬리스타'는 공기 대신 천연가스에서 추출한 메탄을 이용해 단백질을 생산해요. 흙 속에 풍부한 '메탄영양박테리아'를 발효기에 넣고, 천연가스의 주성분인 메탄을 공급해 주면 단세포 단백질이 만들어져요.

인도에서는 소의 트림, 방귀에서 배출되는 메탄을 단백질로 바꾸는 기술을 개발했어요. 인도 벵루루의 스타트업 '스트링바이오'는 동물 사료용 단백질뿐만 아니라, 사람이 먹을 수 있는 단백질 제품을 연구 개발하는 데 몰두하고 있어요.

더 알아보기

특별한 동물의 배양육도 만들 수 있나요?

소나 돼지, 닭, 오리 같은 동물 이외에 다른 특이한 동물의 조직을 떼어 내고 배양해 고기를 만들 수도 있어요.

해산물 배양육을 만드는 미국의 '핀리스푸드'는 참치 배양육을 연구하고 있고, '와일드타입'은 연어 배양육 연구에 집중하고 있어요. 핀리스푸드는 세포 배양 방식과 식물성 원료를 결합한 동식물 융합형 참치를 출시하기 위해 노력하고 있지요. 싱가포르의 '시옥미트'는 딤섬에 들어가는 새우 배양육을 개발했고, 게와 랍스터 같은 배양 해산물도 연구하고 있어요.

대체 단백질을 만드는 기술은 식물에서 원료를 빼내는 방식, 동물 세포를 떼어 내 배양하는 방식, 미생물을 발효시키는 방식 등으로 그 범위를 점점 넓혀 가고 있어요.

배양육도 가격이 중요한 요소가 될까요?

사람들이 배양육을 사 먹을 수 있으려면 가격은 매우 중요한 요소가 돼요. '모사미트'가 처음으로 공개한 배양육 햄버거 패티는 1개를 만드는 데 무려 32만5,000달러(한화 약 3억 6,000만 원)나 들었어요. 세포 배양액 재료가 비쌌기 때문이지요.

모사미트는 햄버거 패티 1개당 가격을 10달러까지 낮출 수 있을 때 판매에 나설 계획이에요. 끊임없는 기술 혁신으로 대량 생산이 가능해지면 10달러에 판매할 수 있을 거예요. 2030년 이후엔 햄버거 패티 1개당 가격을 1.2달러(한화 약 1,352원)로 낮춰서, 실제 고기보다 좀 더 저렴한 가격에 판매하는 것을 목표로 하고 있어요.

실험실에서 만든 고기라는 데서 오는 심리적 거부감은 없나요?

배양육은 살아 있는 동물 세포에서 얻은 줄기세포에 영양분을 공급해 실험실에서 키우는 고기예요. 동물의 몸 밖에서 키워지는 고기지요. 사람들은 '배양'이라는 말이 주는 거부감 때문에 고기 먹기를 꺼릴 수도 있어요. 실험실에서 만드는 고기라는 생각 때문에 불안감을 가질 수 있으니까요. 배양육의 역사가 길지 않은 만큼 기술적 검증이 완전하지 않기에, 이에 대해 고민하고 계속해서 연구해 체계적인 기반을 잘 마련하는 것이 중요해요.

진짜 고기 같은 맛과 모양을 어떻게 내나요?

초기 배양육의 가장 큰 고민은 진짜 동물의 살처럼 육질을 만드는 것이었어요. 실제 소고기는 지방과 단백질, 힘줄 등이 자연스럽게 섞여 있지만, 실험실에서 만든 배양육은 연구원이 일일이 구성 성분을 조절해 주어야 했어요. 세포 배양액에 아미노산과 지방산 등을 섞어 일반 육류와 비슷한 맛이 나게 하기도 해요.

식감도 해결해야 할 과제예요. 수많은 조각으로 자라난 줄기세포 덩어리는 씹는 느낌이 실제 소고기와는 차이가 있거든요. 영양을 공급받고 자란 근육 세포들이 근육 조직으로 변하면, 이 근육 조직들을 서로 연결해서 힘줄에 전기 자극을 주어야 해요. 마치 동물이 운동할 때와 같은 효과를 내기 위해서지요.

배양육이 유전자 변형 생물로 여겨질 우려는 없나요?

배양육이 유전자 변형 생물(GMO)이라고 여겨질 우려가 있어요. 일부 업체에서 줄기세포가 먹고 자라는 세포 배양액의 품질을 높이겠다며 유전자 편집 기술을 쓰고 있거든요. GMO 논란에서 자유롭지 못하지요. 전문가들은 배양육에 사용되는 일부 배양액이 유전자 변이를 일으킬 위험이 있다고 지적하고 있어요.

이러한 문제점을 풀어 가기 위해 미국에서는 2019년에 농무부와 식품의약국(FDA)이 배양육에 대해 규제와 감독을 하겠다는 협약을 맺었어요. 유전자 조작이 필요 없는 배양 방식을 찾아내는 데 더욱 적극적으로 노력해야 해요.

특강 3
곤충 식품

메뚜기 과자 주세요, 귀뚜라미 빵 주세요!

과학 캠프 둘째 날, 아침 식사로 빵과 스크램블드에그, 베이컨, 샐러드가 나왔어요. 거기에다 시원하고 달콤한 셰이크까지 마셨더니 배가 아주 든든했어요.

아침 식사를 하면서 두 가지 실험도 함께 했어요. 첫 번째 실험은 준비된 두 개의 빵 맛을 비교해 보는 거였고, 두 번째 실험은 두 개의 셰이크 맛을 서로 비교해 보는 거였어요.

이번 실험에서도 역시나 반전이 있었어요. 알고 보니 두 개의 빵 중 하나는 자주 먹던 호밀빵이었지만, 다른 하나는 귀뚜라미 70마리의 가루를 넣어서 만든 귀뚜라미 빵이었거든요. 귀뚜라미 빵은 호밀빵 맛이 나면서 무척 맛있었어요.

셰이크 실험에서도 생각지 못한 반전이 숨어 있었어요. 하나는 우유로 만든 평범한 밀크셰이크였지만, 다른 하나는 밀웜을 갈아서 만든 밀웜셰이크였거든요. '밀웜(mealworm)'은 '옐로웜'이라고도 부르는데, '갈색거저리'라는 곤충의 애벌레라지 뭐예요?

곤충 식품이 뭐예요?

'곤충 식품'은 곤충을 재료로 해서 만든 음식을 말해요. 현재 80억 명이 넘는 세계 인구 중에서 약 20억 명 이상이 이미 곤충 식품을 먹고 있다는 통계도 있어요. 세계 여러 나라에서는 이미 곤충 식품에 큰 관심을 가지고 활발하게 연구하고 있지요.

미국과 영국은 곤충 단백질이 든 에너지바와 과자, 샐러드에 뿌려 먹는 곤충 분말 같은 다양한 곤충 식품을 만들고 있어요. 태국의 식용 귀뚜라미 농장은 그 수가 너무 많아서 셀 수 없을 정도지요.

핀란드 헬싱키의 한 빵집에서는 귀뚜라미 빵을 만들어서 판매해 화제가 되었어요. 빵 한 덩어리를 만드는 데 귀

귀뚜라미 빵 핀란드의 한 빵집에서는 말린 귀뚜라미를 갈아 밀가루, 호밀 등과 함께 섞어서 귀뚜라미 빵을 만들었어요. (사진·파제르)

뚜라미가 무려 70마리나 들어갔다고 해요. 귀뚜라미를 말린 후에 가루 내어 밀가루, 호밀 등과 함께 섞어서 만들었기 때문에 먹을 때 사람들에게 큰 거부감을 주지 않았어요. 귀뚜라미 빵을 먹어 본 사람들은 호밀빵과 똑같은 맛이 난다며 맛있게 먹었어요. 단백질이 풍부한 귀뚜라미가 여러 마리 들어갔으니 다른 빵보다 단백질 함량이 높다는 장점도 있지요.

우리나라에는 귀뚜라미 즙을 넣은 숙취해소 음료가 판매되고 있어요. 귀뚜라미는 세계적으로 약 800여 종이 있는데, 우리나라에는 40종 정도가 알려져 있어요. 그중에서도 쌍별귀뚜라미는 식품 원료로 사용할 수 있다고 식품의약품안전처에서 인정하고 있지요. 쌍별귀뚜라미는 단백질 함량이 높고, 오메가3와 오메가6 같은 지방산도 들어 있어요. 쌍별귀뚜라미에서 뽑아낸 성분이 알코올로 손상된 간이나 간의 독성을 감소시킬 수 있다고 알려져 숙취해소 음료의 원료로 쓰이고 있어요.

일본에는 독특하게 곤충 식품 자판기가 있는데, 캔에는 원래의 형태를 그대로 건조해 소금 간을 한 곤충이 들어 있어요. 일본의 한 스타트업에서는 귀뚜라미로 국물을 우려낸 라면을 판매해 인기를 끌기도 했지요.

벨기에는 유럽에서 최초로 귀뚜라미, 메뚜기, 밀웜, 나방, 누에 등 10여 가지 식용 곤충을 정해, 법적으로 먹을 수 있다고 허용했어요. 특이하게 마트에서 곤충 잼을 판매해요.

독일은 곤충 식품에 대한 연구가 특히 활발한데, 누에, 옥수수조명나방 같은 곤충을 화학 처리해 통조림을 만들어요.

프랑스에는 메뚜기, 개미 같은 곤충으로 고단백질 식품을 만드는 곤충 통조림 가공회사가 있어요. 프랑스의 식당에선 딱정벌레 번데기와 개미 같은 곤충을 활용해 요리를 만들기도 해요.

미국에는 곤충 단백질 연구소가 있어, 곤충 식품 연구에 몰두하고 있어요. 멕시코는 60여 종의 곤충을 과자나 사탕, 꿀, 통조림으로 만들어 미국, 프랑스 등에 수출하고 있지요.

이처럼 세계 여러 나라에서는 곤충을 활용해 단백질 셰이크, 시리얼, 초콜릿, 에너지바, 밀가루, 꿀, 파스타, 미트볼, 소시지, 사탕, 과자 같은 새로운 곤충 식품을 만들기 위해 활발하게 연구하고 있어요. 곤충으로 만든 조미료, 술, 음료, 반려동물 사료 등의 개발에도 힘쓰고 있지요.

언제부터 곤충을 먹었을까요?

　곤충은 인류가 지구에 살기 시작하기 전부터 존재해 왔어요. 약 3억 5,000만 년 전인 고생대 때부터 지구에 등장해서 살았으니, 파충류나 공룡보다도 그 역사가 오래되었지요. 곤충의 종류는 약 80만 종에 달하는데, 아직 기록되지 않은 종까지 합치면 약 600만에서 1,000만 종이 존재할 거라고 해요. 인간이 속하는 포유류의 종류가 약 4,000종인 것에 비하면 놀랍도록 다양하지요.

　곤충은 지구상에 존재하는 동물 종류의 4분의 3에 해당한다고도 하니 그 종류가 엄청나요. 곤충은 종류뿐만 아니라 개체수도 어마어마한데, 환경에 적응해 몸을 변형해 가며 진화를 거듭했어요. 아직도 멸종되지 않고 잘 살아남았다니 생명력이 대단하지요.

지구에 존재하는 동물 종류의 4분의 3에 해당하는 곤충 약 3억 5,000만 년 전 지구에 등장한 곤충은 약 80만 종에 달할 정도로 종류가 다양하고, 개체수도 어마어마 해요. (사진·픽사베이)

그렇다면 작은 곤충들이 지구에서 잘 살아남을 수 있었던 생존력의 비결은 무엇일까요?

곤충은 대부분 강한 외골격을 가졌어요. 곤충 무리 중에서도 가장 많은 종 수를 자랑하는 딱정벌레목은 딱딱한 껍질이 몸을 잘 보호해 주거든요. 우리나라에도 많이 사는 왕바구미는 사람이 밟고 지나가도 깨지지 않는다고 하니 겉뼈대가 매우 튼튼하지요.

오래전부터 식용으로 쓰인 곤충들 중국에서는 이미 3,000년 전에 개미를 이용해 맛 좋은 요리를 만들었다는 기록이 있어요. (사진·픽사베이)

곤충은 대부분 날개가 있어요. 그래서 먹이가 있는 데까지 날아갈 수 있고, 위험할 때는 잽싸게 도망갈 수도 있어요. 날개는 곤충의 목숨을 지키는 최고의 무기라 할 수 있지요.

곤충들은 대개 덩치가 작아요. 그래서 숨을 곳이 많아요. 위험한 상황이나 천적을 피해 나무 틈이나 땅속, 돌 밑으로 몸을 숨기기 아주 좋아요.

곤충은 한 번에 많은 알을 낳아요. 알에서 깨어난 애벌레는 금방 자라서 성충이 돼요. 곤충은 번식력이 강해 짧은 시간에 그 수가 걷잡을 수 없게 많이 불어나지요.

고대 그리스의 철학자인 아리스토텔레스가 매미 유충은 마지막 껍질을 벗기 직전이 가장 맛이 좋다고 했다는 말이 전해지고 있어요. 무려 2,000년 전의 이야기이니 사람들이 곤충을 먹었던 역사는 길고도 길지요. 《성경》의 '레위기' 편에 먹을 수 있는 곤충과 관련된 언급이 있고, 중국에서는 이미 3,000년 전에 개미를 이용해 맛 좋은 요리를 만들었다는 기록도 있어요.

곤충은 진귀한 약재로도 쓰였어요. 중국 명나라 때 본초학자 이시진이 지은 《본초강목》에는 약재로 쓰이는 106종의 곤충과 그 약효를 소개하고 있어요. 우리나라 조선시대 의관 허준이 집대성한 《동의보감》 '탕액' 편에도 벌, 사마귀, 매미, 굼벵이, 누에, 잠자리, 베짱이 등 95종의 약으로 쓰이는 곤충들을 소개하고 있어요.

왜 곤충 식품을 만들까요?

인구가 계속해서 증가하고 있어요.

유엔경제사회국(DESA)의 《세계 인구 전망 보고서》에 따르면, 전 세계 인구는 2050년쯤 97억 명으로 늘어날 거라 예상했어요. 전 세계 인구는 계속 증가해, 2100년에는 109억 명으로 정점에 달할 거라고 내다봤지요.

인구가 늘어가는 속도에 비례해서 식량 생산량도 함께 늘어나야 하는데, 식량 생산량은 그 속도를 따라가기가 너무나도 벅차요. 그러자 생존을 위해 필요한 먹거리가 부족해진 사람들이 고기를 대신할 먹거리를 고민하게 되었어요. 곤충 식품, 식물성 고기, 실험실에서 만드는 배양육에 관심을 가지고 연구하기 시작했어요. 그중에서도 단백질이 풍부한 곤충 식품에 대한 관심은 점점 커져 가고 있어

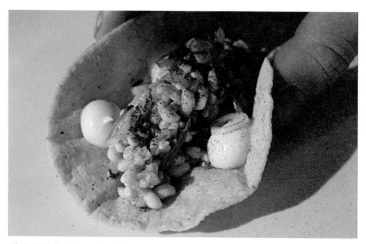

개미 애벌레 타코 타코 속에 든 것은 치즈 맛이 나는 튀긴 개미 애벌레예요. (사진·벅 스피드)

요. 2013년 5월에 유엔식량농업기구(FAO)는 곤충을 미래의 식량으로 꼽았고, 앞으로 곤충 식품 시장은 계속해서 성장해 나갈 거예요.

곤충은 단백질이 풍부해요.

유럽에서는 먹을 수 있는 곤충을 '초소형 가축'이라 부르며, 새로운 단백질 공급원으로 주목하고 있어요. 일반적으로 동물과 식물은 몸 전체의 70% 이상이 수분인데, 곤충은 단백질과 지방의 함량이 몸 전체의 70% 이상을 차지해요. 단백질과 비타민, 필수 아미노산도 풍부하지요.

곤충은 소나 돼지, 닭 같은 가축에 비해 단백질 함량이 35~77%나 더 높아요. 특히 몇몇 곤충은 단백질 함유량이 매우 높은데, 누렁벌은 81%, 귀뚜라미가 75%, 매미는 72%, 누에 번데기가 71.3%, 딱정벌레목은 65%, 메뚜기가 58%, 개미는 40~67%나 돼요.

곤충에는 아미노산 종류도 아주 많고, 구리(Cu), 아연(Zn), 셀레늄(Se) 같은 무기원소와 비타민 함유량도 무척 높아요.

곤충을 기르는 과정이 환경친화적이에요.

곤충은 소나 양, 돼지, 닭 같은 가축에 비해서 사육할 땅과 사료가 적게 들고, 온실가스와 쓰레기도 적게 배출해요. 단백질 1kg을 얻기 위해 소는 약 20kg의 사료를 먹는 데 비해, 곤충은 약 1.7kg의 사료를 먹는다고 해요. 소고기 200kg을 생산할 때 나오는 이산화탄소 배출량이 약

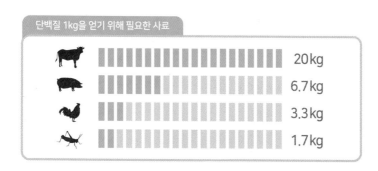

가축과 비교한 식용 곤충의 경쟁력 1kg의 단백질을 얻기 위해 소나 돼지, 닭 같은 가축을 기를 때보다 곤충을 기를 때 사료, 물, 시간이 훨씬 적게 들어요. (**자료·엔토큐브**)

24kg인데 비해, 같은 양의 곤충을 생산할 때 나오는 이산화탄소 배출량은 약 0.7kg에 불과한 것으로 드러났어요.

같은 양의 단백질을 얻기 위해 소를 기를 때보다 곤충을 기를 때 사료는 10분의 1, 물은 1,500분의 1로 매우 적게 들고, 쓰레기도 훨씬 적으니 친환경적이라 할 수 있지요. 곤충을 기를 때 음식물 쓰레기를 잘 활용한다면 현재 발생하는 음식물 쓰레기의 3분의 1은 줄일 수 있다고도 해요.

곤충은 번식력이 강해서 대량 생산이 비교적 쉬워요.

곤충 대부분은 알에서 애벌레를 거쳐 성충이 되는 데 걸리는 시간이 짧은 편이에요. 매미처럼 알에서 깨어나 애벌레가 된 후에 다시 성충이 되기까지 6~7년을 기다려야 하는 곤충도 있지만요.

곤충은 한 번에 많은 수의 알을 낳거든요. 그래서 그 수가 급격하게 늘어나 배가돼요. 이처럼 곤충의 한살이는 다른 가축에 비해 매우 짧아서 생산 주기도 짧고, 생산 비용도 훨씬 적게 들어 경제적이에요.

미래 식량의 대표 주자, 곤충

2021년 여름, 미국 동부와 중부는 매미 천지였어요. 17년 전 굼벵이가 되어 땅속에서 살던 매미 애벌레들이 성충이 되어 돌아왔거든요. 셀 수조차 없을 만큼 그 수가 엄청난데, 곤충학자들은 10조 마리는 거뜬히 넘을 거라 예상했지요. 음식점뿐만 아니라 많은 가정에서는 매미를 볶고, 튀기고, 구우며 창의적으로 요리하느라 아주 바빴어요. 꿋꿋하게 17년을 땅속에서 견뎌내고 돌아온 매미가 별미라며 인기를 끌었던 거예요. 매미뿐만 아니라 매미가 벗어 놓은 허물을 튀겨 먹으면 바삭바삭 고소하고 맛있다며 즐겨 먹기도 했어요.

곤충의 단백질은 다재다능해요. 인공조미료(MSG)와 같

개미로 맛을 낸 소고기 타르타르(왼쪽)와 랑구스틴(오른쪽) 덴마크의 노마 레스토랑에서는 개미를 요리의 재료로 써요. (사진·노마)

은 글루탐산 계열이라 감칠맛이 나거든요. 굼벵이나 귀뚜라미를 물에 넣고 끓이면 사골처럼 뽀얗고 구수한 국물이 우러나요.

덴마크 코펜하겐의 유명 레스토랑 '노마'에서는 샐러드에 레몬즙을 뿌리는 대신 붉은 개미를 올려서 신맛을 내는데, 개미를 쓰는 이유는 지중해에서 비행기로 오랜 시간이 걸려 배송된 레몬보다 코펜하겐 인근 흙에서 잡은 붉은 개미에서 더 좋은 신맛이 나기 때문이에요.

곤충은 소, 돼지, 닭 같은 가축보다 단백질 함유량이 월등히 높고, 비타민, 섬유질, 미네랄도 풍부해요. 곤충의 기름은 몸에 좋은 오메가3 등이 풍부한 불포화지방산이라 혈관에 기름이 잘 끼지도 않아요.

최근에는 항암 치료제, 면역력을 높이는 건강 기능 식품, 동물 사료의 원료로 곤충을 활용하기 위해 활발하게 연구하고 있어요.

곤충은 미래의 새로운 식량 자원일 뿐만 아니라 치료제, 화장품, 에너지 같은 분야에서도 훌륭한 소재로 알려지며 크게 주목받고 있어요.

우리나라에서는 2019년에 갈색거저리, 장수풍뎅이, 흰점박이꽃무지 등 곤충 14종을 가축으로 인정했어요.

더 알아보기

곤충 식품에 대한 거부감은 없나요?

곤충 식품 연구원들의 가장 큰 고민은 사람들이 곤충을 먹는 것에 대해 거부감이 있다는 거예요. 아직 곤충을 벌레라고 여기는 사람들이 많아 곤충 먹는 것을 꺼리기 때문이에요. 곤충 식품에 대한 사람들의 생각 자체를 바꿔야 하는 커다란 과제를 안고 있어요. 예를 들면 '갈색거저리'를 '밀웜'이나 '옐로웜' 또는 '고소애'로, '흰점박이꽃무지'는 '꽃벵이'라는 애칭으로 다정하게 이름을 바꿔 부르면서 사람들에게 친근감을 주려 노력하기도 해요.

곤충 식품의 안전성에 대한 문제는 없나요?

곤충이 과연 안전한 먹거리인지에 대해 근본적인 의문이 있어요. 2018년에 한국소비자원이 식용 곤충을 구매해서 먹어 본 경험이 있는 500명을 대상으로 설문 조사를 한 결과, 10명 중 1명은 알레르기 증상을 보인 것으로 드러났어요. 곤충과 갑각류는 둘 다 절지동물에 속해서 비슷한 단백질을 포함하고 있거든요. 갑각류 알레르기가 있는 사람은 곤충에도 알레르기 반응이 나

타날 수 있지요. 국가적 차원에서 식용 곤충에 대한 안전성을 검사하고 분류해, 식용 곤충을 먹어도 안전하다는 판단의 근거를 마련해야 할 거예요.

우리나라의 식용 곤충 분야가 더욱 발전하려면 어떤 노력을 해야 할까요?

세계는 끊임없이 변화하고 있고, 식단의 변화는 이미 시작되었어요. 인구는 계속해서 폭발적으로 증가하고 있고, 식량난도 여전히 심각하지요. 어쩌면 식용 곤충이 미래 식량으로 최선의 선택일 수 있어요. 이제 시작하는 단계인 우리나라의 식용 곤충 분야가 더욱 발전하려면, 기업이나 농가의 적극적인 노력도 절실히 필요해요.

밀웜셰이크와
밀크셰이크 만들기

집에서도 밀웜셰이크를 만들 수 있어요.
재료들을 준비해서 밀웜셰이크와 밀크셰이크를 직접 만들어 보고, 맛을 비교해 볼까요?

밀웜셰이크 만들기

준비해요

밀웜 분말 40g, 물 200ml, 얼음 3~5개, 믹서 등

만들어요

① 밀웜 분말을 미리 준비해 두어요.
② 믹서에 물 200ml를 부어요.
③ ②에 밀웜 분말 40g을 넣어요.
④ ③에 얼음 3개를 넣고 함께 갈아요.
⑤ 완성된 밀웜셰이크를 컵에 따라 마셔 보아요.

밀크셰이크 만들기

우유 150ml, 아이스크림 큰 2스푼, 꿀 또는 알룰로스 작은 1스푼,
얼음 5~10개, 믹서 등

① 믹서에 우유 150ml를 부어요.

② ①에 아이스크림 큰 2스푼을 넣어요.

③ ②에 꿀 또는 알룰로스 작은 1스푼을 넣어요.

④ ③에 얼음 5개를 넣고 함께 갈아요.

⑤ 완성된 밀크셰이크를 컵에 따라 마셔 보아요.

⑥ 밀크셰이크와 밀웜셰이크의 맛을 비교해 보고, 비슷한 점과
　 다른 점 등을 표로 만들어 보아요.

특강 4
식물성 우유와
인공 우유

우유는 변신의 귀재

과학 캠프의 식사 시간에는 언제나 우유가 함께했어요. 저지방 우유, 아몬드 우유, 코코넛 우유, 호두 우유, 오트밀 우유 등을 마셔 보았지요. 아몬드 우유와 오트밀 우유는 다이어트를 하는 엄마도 즐겨 마시는 우유라 전에 마셔 본 적이 있어요. 하지만 나는 젖소가 주는 우유를 훨씬 좋아해요. 그 맛에 익숙해져서 그런지 그게 그냥 진짜 우유 맛 같으니까요.

그런데 최근 들어 젖소에서 얻는 우유 말고, 사람의 힘으로 우유를 만드는 새로운 기술이 점점 발전하고 있다지 뭐예요?

다양한 식물성 우유와 인공 모유가 하나둘씩 출시되더니, 효모를 활용해 인공 우유도 만들었어요. 우유는 다채롭게 변화하며, 계속해서 변신하고 있어요.

식물을 재료로 하는 식물성 우유

식물성 우유가 뭐예요?

젖소가 주는 우유를 대신해서 먹을 수 있는 식물성 우유가 인기를 끌고 있어요. '식물성 우유'는 식물에서 얻은 재료로 만든 우유예요. 식물성 우유의 재료로는 아몬드, 호두, 피칸, 브라질너트 같은 견과류뿐만 아니라 대두, 완두콩 같은 콩류, 쌀이나 오트밀 같은 곡물, 코코넛 같은 과일 등이 있어요. 싱가포르에서는 특이하게 밤바라콩으로 우유를 만들었는데, 진짜 우유와 거의 비슷한 맛과 거품을 낸다지 뭐예요?

최근에는 오트밀과 피칸을 결합하는 것처럼 식물성 원료 몇 가지를 합쳐서 만드는 우유도 많아지고 있어요. 양

식물성 우유 식물성 우유는 견과류나 콩류, 곡물, 과일 같은 식물에서 얻은 재료로 만들어져요. (사진·픽사베이)

배추와 파인애플 같은 식물성 재료를 알맞은 비율로 섞어 놀라운 맛을 찾아낸 식물성 우유가 개발되었고, 여러 가지 과일이나 프로틴, 비타민D 같은 성분을 추가해 맛과 영양, 식감을 높인 우유도 나오고 있어요. 많은 사람이 식물을 재료로 만든 식물성 우유를 즐겨 찾으면서 점점 인기를 끌고 있지요.

식물성 우유는 어떻게 만들어요?

미국의 '리플푸드'는 노란색 완두콩으로 식물성 우유를 만들었어요. 영국의 '밀크맨'은 아몬드나 코코넛을 활용해 식물성 우유를 개발했지요. 싱가포르에서는 밤바라콩 우유도 만들었어요. 이처럼 새로운 스타일의 식물성 우유들이 잇따라 개발되고 있어요. 최근에는 칠레의 스타트업 '낫코'에서 AI 기술을 활용해, 100% 식물성 우유인 '낫밀크'를 만들어 판매하고 있어요.

완두콩 우유, 이렇게 만들어요!

완두콩 우유를 만드는 미국의 '리플푸드'에서는 두유 같은 맛이 아닌, 젖소가 주는 우유 특유의 맛을 내는 식물성 우유를 만들고 싶었어요. 맛과 질감이 젖소에서 얻는 우유 같은 식물성 우유를 만드는 것이 목표였지요. 여러 번 실험에 실패한 끝에 연두색 완두콩이 아닌 노란색 완두콩으로 우유에 가까운 맛을 내는 데 성공했어요.

완두콩 우유는 다른 식물성 우유와 두유의 단점도 보

노란색 완두콩 완두콩 우유의 주재료인 말린 노란색 완두콩은 지방이 적고, 콜레스테롤이 없어요. (사진·픽사베이)

완했어요. 식물성 우유가 단백질이 부족하다는 것과 두유의 원료인 콩이 유전자 조작의 위험이 있다는 것을 노란색 완두콩으로 해결한 거예요. 완두콩 우유는 노란색 완두콩에서만 단백질을 뽑아냈고, 유전자 변형 생물(GMO) 콩은 사용하지 않았거든요. 젖소가 주는 동물성 우유와 비슷하게 8g의 단백질을 포함하면서, 완두콩 맛이 직접적으로 나지 않는 맛 좋은 우유가 탄생했어요.

미국의 식품기업 캠벨수프의 '볼트하우스 팜스'에서도 완두콩 우유를 만들어요. 이 완두콩 우유는 '리플푸드'의 완두콩 우유와는 제조 방식이 달라요. 노란색 완두콩을 가루로 가공한 후에 섬유소와 전분에서 완두콩 단백질을 분리하고, 여기에 비타민B12와 해바라기씨 오일, 바다 소금을 탄 물을 혼합했어요. '볼트하우스 팜스'의 완두콩 우유에는 약 10g의 단백질이 들어 있어요.

낫밀크, 이렇게 만들어요!

우유가 아닌 우유, 하지만 맛과 식감은 우유와 같은 우유! '낫코'는 경제학자인 마티아스 머치닉과 컴퓨터공학자인 카림 피차라, 생물공학자인 파블로자모라가 공동으로 설립한 푸드테크 기업이에요. '주세페'라 불리는 머신러닝은 '낫코'의 AI 셰프이지요. 멋진 이름을 붙여 주어서 그런지 살아 움직이는 진짜 셰프인 것 같고, 왠지 주방에서 솜씨 좋게 요리하고 있을 것만 같아요.

주세페는 아주 중요한 일을 하는 '낫코'의 보물이에요. 동물성 우유와 분자 구조가 가장 비슷한 채소를 열심히

낫밀크와 식물 재료들 낫밀크는 양배추와 파인애플로 맛과 향을 내고, 완두콩으로
단백질을 보충하며, 해바라기씨 오일로 소화를 돕고 단맛을 더해요. **(사진·낫코)**

찾는 일을 하거든요. 3만 개가 넘는 채소들을 이리저리 조
합해 동물성 우유를 대체할 만한 알맞은 맛을 찾아내요.
식물성 유제품을 선택했던 소비자 중에서 약 33%가 맛 때
문에 다시 동물성 유제품으로 돌아간다고 하기 때문에 사
람들이 좋아할 최적의 맛을 잘 찾아내야 해요.

주세페는 이미 카놀라유, 겨자씨, 포도 식초 등을 혼합
해서 만든 100% 식물성 마요네즈를 세상에 내놓아 대성
공을 거두었어요. 이어 양배추와 파인애플의 결합이라는

사람들이 쉽게 생각해 낼 수 없는 독특한 조합으로 식물성 우유를 개발해 냈지요. 양배추와 파인애플, 완두콩, 해바라씨 오일 등을 조합해 진짜 우유와 비슷한 맛을 내는 식물성 우유를 만들어 낸 거예요. 진짜 우유 같은 맛을 내는 식물들의 조합과 알맞은 비율을 찾기 위해 매달 수천 개가 넘는 콤비네이션을 쏟아냈어요. 주세페는 아몬드 우유나 오트밀 우유 같은 식물성 우유의 조리법을 뛰어넘는 특별한 맛의 조합을 잘 찾아냈어요.

사람들은 왜 식물성 우유를 만들까요?

식물성 우유의 소비량은 점점 증가하고 있고, 동물성 우유의 소비는 조금씩 감소하고 있어요.

미국의 식품 회사인 '카길'에서 동물성 우유의 소비가 감소하는 이유를 조사해 보았더니, 락토스 부적응(35%), 우유 알레르기(26%), 동물 성장호르몬 섭취를 피하기 위해(24%), 포화지방 섭취를 줄이기 위해(24%)라는 결과가 드러났어요.

식물성 우유의 인기가 높아진 이유에는 고기나 우유 같은 동물성 식품을 먹지 않는 채식주의와 건강을 중시하는 생활 방식도 한몫했어요.

식물성 우유는 동물성 우유를 만들 때보다 친환경적이에요. 동물에게서 얻는 유제품보다 탄소 발자국(제품 생산 및 서비스 전 과정에서 발생하는 온실가스의 총배출량)이 적기 때문이지요. 탄소 배출량뿐만 아니라 에너지 소비량, 땅 사용률, 물 사용량 또한 크게 줄일 수 있어요.

식물성 우유의 재료가 다양해지면서 새로운 맛을 기대하는 소비자들의 바람도 비례해서 커지고 있어요.

젖소 대신 효모를 이용하는 인공 우유

인공 우유가 뭐예요?

'인공 우유'는 원래 우유의 맛과 질감, 영양분, 식감을 모두 가지면서도 재료를 구성하는 성분 중 일부나 전부를 다른 요소로 바꾼 우유를 말해요.

예를 들어 효모를 이용해 우유의 카세인 단백질을 만드는 것처럼 말이에요. 효모균의 세포 속에 소의 DNA를 넣은 후, 세포의 수를 늘려 가며 우유 단백질을 만드는 방식이지요. 여기에 칼슘, 칼륨 등을 섞으면, 성분이 자연스럽게 변화하면서 맛과 향도 진짜 우유와 비슷해져요.

인공 우유는 어떻게 만들어요?

'퍼펙트데이'를 설립한 라이언 판디야와 페르말 간디는

인공 우유 효모균의 세포 속에 소의 DNA를 넣은 후 세포의 수를 늘려 가며 우유 단백질을 만들고, 여기에 칼슘, 칼륨 등을 섞으면 성분이 변화하면서 맛과 향이 진짜 우유와 비슷해져요. (사진·터틀트리랩스)

생명공학자였어요. 그들은 우유가 실험실에서 만들 수 있는 가장 이상적인 식품이라 생각했어요. 우유는 생각보다 매우 간단한 구조로 되어 있거든요. 대부분이 물이고, 20여 개의 다른 성분으로 이루어져 있으니까요. 단백질과 소분자를 이용해 백신을 연구하던 라이언은 같은 기술로 우유 단백질도 만들 수 있다고 생각했어요.

라이언과 페르말은 효모로 우유를 만드는 데 집중했어

요. 마치 제빵사가 이스트를 넣어 빵을 부풀게 하거나, 양조장에서 효모로 알코올을 만드는 것과 비슷한 실험 과정을 거쳤지요.

먼저 우유를 구성하는 카세인 단백질과 훼이 단백질 유전자를 효모의 염색체에 넣고, 효모가 발효하며 스스로 우유 단백질을 만들게 했어요. 여기에 식물성 지방과 비타민, 칼슘 같은 영양소를 첨가해 맛과 질감이 진짜 우유와 같게 만들었지요. 젖소에게서 얻은 우유가 아니니 유당 불내증이 있는 사람도 마실 수 있었어요. 그러고 나서, 그들은 크림치즈, 요거트, 아이스크림, 단백질 과자 같은 다른 유제품도 만들어 보았어요.

인공 우유를 만드는 '퍼펙트데이'의 중요한 기술은 발효에 있어요. 발효는 영양분을 다른 형태로 바꾸는 신비로운 과학이에요. 수십 년에 걸쳐 정밀 발효 과정을 연구하다가 마침내 유당, 콜레스테롤, 호르몬, 살충제가 포함되지 않은 유청 단백질을 개발하는 데 성공했어요. 효모를 활용해 당분을 질 좋은 단백질로 바꾸는 발효의 마법이 실현

된 거예요.

왜 실험실에서 우유를 만들까요?

'퍼펙트데이'에서 진행한 연구에 따르면, 실험실에서 만드는 우유는 기존의 동물성 우유를 만들 때보다 모든 면에서 친환경적이라고 해요. 에너지 소비는 24~84%, 탄소 배출량은 35~65%, 땅 사용은 91%, 물 사용량은 98%까지 줄일 수 있으니까요.

바이오 기술로 만든 우유는 원래 우유의 맛과 질감, 영양분을 모두 가지면서도 해로운 물질은 뺄 수 있어서, 채식주의자나 젖당이 없어 우유를 잘 소화하지 못하는 사람도 마실 수 있어요. 기후 변화와 인구 증가로 가까운 미래에 식량 문제가 더욱 드러날 때를 대비해 우유를 지속적으로 생산해 내는 게 가능해졌지요.

더 알아보기

젖소 없이 만드는 미래의 우유, 어려움은 없나요?

　세상에 절대 안전하거나 절대 위험한 음식은 없다고들 해요. 하지만 사람의 힘으로 인위적으로 만든 식품에 대해 소비자들은 걱정이 많지요. 인공 식품에 대한 사람들의 인식을 조사했는데, 10명 중 2명만이 인공 식품을 먹는 데 아무런 거리낌이 없다고 했어요. 유전자 변형 콩이 개발된 지 거의 20년이 지났지만, 아직도 건강에 안 좋은 영향을 미칠지 모른다고 걱정하는 사람들이 많지요.

　가까운 미래에 사람의 힘으로 만든 식품들로 대중의 식탁을 차려 보겠다는 과학자들의 목표가 이루어지려면 연구 과정을 더욱 투명하게 사람들에게 공개하고, 냉철한 평가를 받을 각오로 엄격하게 연구에 임해야 할 거예요.

식물성 우유와 인공 우유, 어떻게 달라요?

　식물성 우유는 콩, 귀리, 아몬드 같은 식물을 원료로 진짜 우유처럼 맛과 향, 생김새와 모양을 만든 우유예요. 반면에 인공 우유는 젖소 없이 만드는 우유라고 해서 '카우 프리(cow free)' 우유라고도 불리는데, 동물에게서 직접 얻지는 않지만 진짜 우유 그 자체라고 할 수 있어요.

이는 앞에서 살펴본 식물성 고기와 배양육에 비유해 볼 수도 있어요. 식물성 고기는 식물에서 얻은 원료로 진짜 고기처럼 맛과 향, 모양을 만든 고기이죠. 반면에 배양육은 동물에게서 얻은 줄기세포에 영양분을 공급해 실험실에서 키우는 고기로, 진짜 고기와 거의 같아요.

인공 우유를 만드는 방법은 미생물에 소의 DNA를 집어넣고 발효 탱크에서 배양해 우유 단백질을 합성하는 거예요. 젖소에게서 얻은 진짜 우유와 같은 카세인과 유청 단백질 성분이 들어 있지요. 식물성 우유와 인공 우유의 가장 다른 점이라면, 식물성 우유에는 유청 단백질이 없다는 거예요. 그래서 식물성 우유로는 버터나 치즈 같은 유제품을 만들 수 없어요.

오트밀 우유 만들기

집에서도 식물성 우유를 만들 수 있어요.
오트밀이 어떻게 우유로 변신하는지, 재료들을 준비해서
맛있는 오트밀 우유를 만들어 볼까요?

준비해요

오트밀 1컵, 물 4컵, 아몬드 5개, 꿀 또는 스테비아, 시나몬 가루,
믹서 등

만들어요

① 전날 저녁에 오트밀 1컵과 아몬드 5개를 볼에 담고 물을 부어
   불려 두어요.
② 불린 오트밀과 아몬드를 물에 헹궈요.
③ 헹군 오트밀과 아몬드를 믹서에 넣고, 물을 3~4컵 정도 부어
   요.
④ 꿀을 넣고 함께 갈아요. 이때 시나몬 가루를 넣어도 좋아요.
⑤ 간 재료를 체에 걸러요. 거른 귀리는 쿠키 등을 만들 수 있으

오트밀 (사진·픽사베이)

니 버리지 말아요!

⑥ 컵에 따르고, 오트밀 우유를 맛있게 마셔요. 코코아 가루를 넣으면, 오트밀 초콜릿 우유로 변신할 수 있어요!

⑦ 흰 우유와 오트밀 우유의 맛을 비교해 보고, 비슷한 점과 다른 점 등을 표로 만들어 보아요.

식물성 달걀

나도 달걀이라구!

과학 캠프 둘째 날 아침에 맛을 비교해 보는 실험을 하면서, 귀뚜라미 빵과 밀웜셰이크를 처음 먹어 보았어요. 곤충으로 만든 음식을 먹었다는 사실만으로도 굉장한데, 깜짝 놀랄 만한 더 큰 반전은 다른 데 있었어요. 그건 바로 그날 귀뚜라미 빵 속에 넣어 먹었던 스크램블드에그였어요. 흔히 먹을 수 있는 달걀 요리라 별생각이 없었는데, 그날 먹은 스크램블드에그는 진짜 달걀로 만든 게 아니었거든요. 녹두에서 뽑아낸 성분으로 만들거나 해조류에서 빼낸 성분으로 만든 식물성 달걀이었던 거예요. 말이 달걀이지 노란색 액체가 병에 들어 있는 형태였어요. 신기하게도 마법의 노란 물을 요리하면 스크램블드에그가 완성되었죠. 생긴 것도 그렇고, 달걀과 똑같은 맛이 나서 진짜 달걀로 만든 줄 알았지 뭐예요?

생김새도 맛도 영양도 쌍둥이처럼 닮았다고는 하지만, 까칠한 달걀 껍데기에 노른자와 흰자가 싸여 있는 진짜 달걀이 자꾸만 생각나는 건 왜일까요?

달걀은 영양소가 풍부해요

달걀 속은 노른자 31%, 흰자 55~58%, 알끈 2%, 껍질과 껍질막 11%로 이루어져 있어요. 달걀은 영양소도 풍부해요. 단백질뿐만 아니라 비타민, 무기질 같은 우리 몸에 필요한 필수 아미노산을 골고루 갖추고 있거든요. 특히 노른자에는 비타민A, 비타민D, 비타민E, 비타민B2와 철분이 많이 들어 있어요. 삶은 달걀 한 개는 80kcal 정도의 열량을 내는데, 3시간 넘게 위에 머물면서 배부름을 느끼게 해 주지요.

암탉은 1년에 약 150~250개의 달걀을 낳고, 우리나라 국민 한 사람은 1년에 약 280개의 달걀을 먹는다고 해요. 종류가 다른 암탉이 낳는 달걀은 색과 모양도 다양한데,

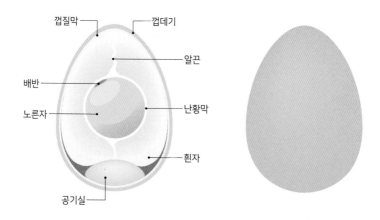

배반

껍질막 ─   ┌─ 껍데기

─ 알끈

배반 ─

노른자 ─   ─ 난황막

─ 흰자

공기실 ─

달걀의 구조

상아색 달걀, 갈색 달걀, 녹색 달걀, 점무늬 달걀 등이 있어요.

　암탉이 먹은 작은 석회와 모래 알갱이들은 달걀 껍데기를 만드는 데 쓰여요. 달걀 껍데기에는 약 7,000~1만 7,000여 개의 눈에 보이지 않는 작은 구멍들이 가득한데, 병아리가 껍데기를 깨고 나오기 전까지 그 구멍으로 숨을 쉬어요. 달걀은 뾰족한 쪽 껍데기가 둥근 쪽보다 훨씬 두꺼워서 병아리가 부화할 때는 덜 딱딱한 둥근 쪽 껍데기를 부리로 콕콕 깨고서 밖으로 나와요.

달걀은 작은 것이 큰 것보다 더 단단하고 신선한 경우가 많아요. 달걀을 보관할 때는 뾰족한 곳이 아래로 향하도록 해서 냉장 보관하는 게 좋은데, 둥근 쪽에는 공기가 든 공기실이 있어서 세균에 노출되기 쉽기 때문이에요.

닭 없이 달걀을 만든다고요?

수년 전 이웃 나라에서 인공적으로 달걀이나 양배추, 간장 등을 만든다는 뉴스가 퍼졌을 때 사람들은 놀라움을 금치 못했어요. 자연식품을 자연의 힘이 아닌 사람의 힘으로 만든다는 사실에 거부감과 함께 건강에 안 좋은 영향을 미칠지 모른다는 불안감이 컸거든요. 하지만 요즘 전 세계적으로 푸드 테크의 한 분야로 한창 연구 중인 식품들은 달라요.

그중에서도 식물성 달걀은 여러 가지 식물에서 얻은 식물성 재료들로 만들어져요. 맛과 식감, 색감뿐만 아니라 영양소까지 진짜 달걀과 거의 같지요. 이런 식물성 달걀은 이미 세계 여러 나라에서 사람들에게 큰 거부감 없이 판매되고 있어요.

여러 가지 식물성 달걀 요리 식물성 달걀을 활용해 바나나빵, 부리토, 스크램블드에 그, 타코 같은 다양한 요리를 만들 수 있어요. **(사진·저스트에그)**

　녹두를 주재료로 만드는 미국의 '저스트에그'와 해조류를 주재료로 만드는 영국의 '비건에그'는 식물성 달걀을 만드는 대표적인 곳이에요. 우리나라의 여러 스타트업에서도 식물성 달걀을 연구하고 만들고 있어요.

식물성 달걀은 우리가 떠올리는 진짜 달걀과는 외모부터 달라요. 가루 형태로 파우치에 들어 있거나 액체 형태로 병에 들어 있지요. 이 노란색 가루와 노란색 물은 녹두나 해조류 같은 식물에서 뽑아낸 성분으로 만들어요. 노란색 가루는 물에 녹이면 색상과 질감이 달걀과 같아져요. 노란색 물은 진짜 달걀 물과 비슷하지요.

식물성 달걀로 오믈렛이나 스크램블드에그를 만들거나 케이크나 쿠키 등을 만들 때 활용해요. 식물성 단백질로 만든 달걀은 콜레스테롤이 없고 포화지방이 낮아 채식을 즐기거나 달걀 알레르기가 있는 소비자들에게 인기가 좋아요.

식물성 달걀은 어떻게 만들어요?

달걀을 사람의 힘으로 만들어 보겠다는 창의적인 생각은 도대체 누가 처음으로, 왜 하게 된 걸까요?

식물성 달걀을 만드는 회사를 처음으로 설립한 조쉬 테트릭은 미국 코넬대학에서 아프리카학을 전공하고, 미시건대학 로스쿨에서 법학을 공부한 법학도였어요. 조쉬는 로스쿨을 졸업하고 나서 아프리카의 케냐 등지에서 사회 운동과 교육 봉사를 하며 7년을 보냈어요. 아프리카에서 굶주리는 아이들을 돌보면서, 그는 법률가가 되기보다는 창업해서 인류를 위해 가치 있는 일을 하고 싶다는 생각을 하게 되었죠. 아프리카에서의 경험으로 자연스레 생존을 위해 필요한 식량의 중요성을 깨닫게 되었고, 식물성 식품 분야로 진출하는 계기가 되었어요.

조쉬는 2011년에 스타트업 '햄튼크릭푸드'를 설립했어요. 그러고는 생명공학자, 식품공학자, 식물학자, 요리사들과 함께 여러 식물에서 달걀의 단백질과 유사한 성분을 찾아내는 연구를 시작했어요. 53개국에서 찾아 모은 39만 1,000여 종의 식물 분자 구조를 분석하며 식물 단백질을 연구했지요.

그들은 지구상에 존재하는 거의 모든 식물성 단백질을 분석하고 데이터베이스화하는데 몰입했어요. 각 식물 단백질의 질감, 맛, 산성도를 분석해 결국 달걀과 가장 비슷한 맛을 내는 식물성 단백질을 찾아냈지요. 일부 식물 10여 종에서 달걀과 유사한 단백질을 찾아낼 수 있었어요. 그중에서도 녹두 단백질을 가열하면 달걀과 가장 비슷한 식감을 낸다는 중요한 사실을 알아챘지요. 마침내 녹두와 강황, 당근에 10여 가지 식물 재료를 더해 '저스트에그'를 만드는 데 성공했어요. 저스트에그의 가장 큰 장점은 진짜 달걀 맛과 놀랍도록 똑같다는 거예요.

식물성 달걀의 재료 식물성 달걀인 저스트에그를 만드는 중요한 재료는 녹두(왼쪽)와 강황(오른쪽)이에요. (사진·위키피디아)

이렇게 만들어진 식물성 달걀은 새로운 미래의 먹거리를 찾던 투자자들의 마음을 끌었어요. 마이크로소프트의 창업자 빌 게이츠, 구글의 공동 창업자 세르게이 브린, 야후의 공동 창업자 제리 양, 홍콩의 최대 부호 리카싱 등에게서 2억 2,000만 달러(한화 약 2,449억 원)를 투자받았지요. 닭이 낳지 않은 달걀의 값어치를 제대로 인정받은 셈이에요. 그 후 '잇저스트'로 회사 이름을 바꾸고 연구에 더욱 몰입했고, 거기에서 한 단계 더 발전한 식물성 달걀을 만들어 냈어요. 현재 한국과 미국, 유럽, 홍콩, 싱가포르, 중국 등지에서 판매하고 있어요.

마음만 먹으면 얼마든지 식물성 달걀을 살 수 있다지만, 아직 사람들은 식물성 달걀보다는 진짜 달걀을 훨씬 더 좋아하는 것 같아요. 하지만 가까운 미래에는 달걀 하면 병 속에 든 노란색 달걀 물이 진짜 달걀보다 먼저 떠오르는 날이 올지도 모르지요.

달걀 껍데기에 찍힌 숫자는 무슨 의미일까요?

달걀 껍데기에는 숫자와 알파벳 조합의 10자리 번호가 찍혀 있어요. 앞쪽의 4자리 숫자는 닭이 알을 낳은 날짜예요. 중간의 알파벳과 숫자가 조합된 5자리 번호는 닭이 태어나고 자란 농장의 고유 번호예요. 식품의약품안전처의 '식품안전나라(www.foodsafetykorea.go.kr)'에서 번호를 조회하면 농장의 이름과 주소를 알 수 있어요. 마지막 한 자리 숫자는 닭이 어떤 환경에서 자랐는지를 알려주는 번호예요.

숫자 1은 농장에 놓아 길러서 방목장을 자유롭게 돌아다니며 자란 닭을 의미해요.

숫자 2는 바닥에 만든 평사와 케이지를 들락날락하면서 자란 닭이에요.

숫자 3은 1마리당 0.075㎡ 이상인 케이지에서 기른 닭을 말해요. A4 용지보다 조금 큰 정도의 좁은 공간에서 케이지 밖으로 머리만 내민 채 모이를 먹고 생활하며 알을 낳지요. 진드기가 생기지 않게 진드기 퇴치제를 뿌려 주거나, 질병에 걸리지 않게 항생제를 맞히기도 해요. 닭은 원래 모래 목욕을 하며 진드기나 벌

달걀 껍데기의 번호 식품안전나라의 달걀 농장 정보에서 번호를 조회하면 농장의 이름과 주소를 알 수 있어요. **(자료·식품의약품안전처)**

레들을 떼어 내는데, 몸을 돌리지 못할 정도로 좁은 케이지 안에서 모래 목욕을 하지 못하고 평생을 살지요.

숫자 4는 한 마리당 0.05㎡의 케이지에서 기른 닭을 의미해요. 평생을 A4 용지보다 좀 더 작은 공간에서 생활하며 알을 낳아요.

프리타타 만들기

'프리타타'는 달걀을 푼 물에 여러 가지 채소와 치즈, 고기 등을 넣어서 익혀 먹는 달걀 요리예요. 달걀찜과도 비슷한 데, 약한 불에서 천천히 익히기 때문에 질감이 좀 더 단단한 편이에요. 식물성 달걀에 채소와 치즈를 넣고 프리타타를 만들어 볼까요?

준비해요

식물성 달걀 500g, 잘게 썬 브로콜리 1컵, 다진 마늘 2큰술, 잘게 썬 양파 2큰술, 체다치즈 2분의 1컵, 방울토마토 7개, 소금, 후추, 파슬리 가루 등

만들어요

① 식물성 달걀을 미리 구입해 두어요.
② 브로콜리를 한 컵 정도 잘게 썰어요.
③ 양파 4분의 1개를 잘게 썰어요.
④ 마늘을 2큰술 정도 잘게 다져요.

식물성 달걀 프리타타 (사진·잇저스트)

⑤ 잘 씻은 방울토마토를 반으로 잘라요.

⑥ 식물성 달걀 물에 소금과 후추를 조금 넣고 잘 섞어요.

⑦ 팬에 ②, ③, ④, ⑤를 잘 펼쳐 넣고, 그 위에 달걀 물을 부어요.

⑧ 파슬리 가루를 뿌려요.

⑨ 오븐에 넣고 190도에서 15~20분 정도 익히거나, 가스레인지
   나 인덕션에서 뚜껑을 덮고 약한 불로 익혀요.

⑩ 식힌 후에 잘라서 맛있게 먹어요.

특강 6

도시 농업

도시에서 농사를 짓는다고?

캠프 마지막 날 아침, 가까운 지하철역에 있는 메트로팜을 견학했어요. 그곳에선 다양한 종류의 식물들이 LED 빛을 쬐고, 물을 먹으며 무럭무럭 자라고 있었어요. 온도와 습도를 자동으로 조절해 주는 센서도 보았어요. 스마트팜의 식물들이 내뿜는 맑은 산소는 지하철로 보내진대요.

메트로팜은 수직 농장으로 높게 꾸며져 있어서, 작은 공간에서도 생산량을 배가시킨다고 해요. 냉장고처럼 생긴 작은 가정용 스마트팜도 있었는데, 스마트폰으로 관리할 수가 있어 편리해 보였어요. 한쪽에는 오토팜이라 이름 붙은 스마트팜도 있었는데, 그곳은 로봇이 모든 과정에서 스스로 식물을 재배하는 시스템이었어요. 로봇이 스스로 모든 과정을 관리하는 미래의 농업 설비라고 강조했어요.

견학을 마치고 돌아갈 때는 원하는 채소 한 뿌리를 뽑아서 가져갈 수 있었어요. 나는 상추 한 포기를 뿌리째 담았지요. 캠프로 돌아와 메트로팜에서 자란 싱싱한 채소로 만든 샌드위치와 샐러드를 먹고 나서, 또랑또랑해진 우리는 미래 농업을 주제로 하는 마지막 특강을 들었어요.

도시 농업이 뭐예요?

아주 오래전에 사람들은 자연에서 직접 먹거리를 얻었어요. 그러다가 한곳에 머물러 농사를 짓고 살며 마을을 이루었고, 인구가 점점 늘어나면서 도시가 생겨났지요. 지금은 세계 인구의 거의 절반이 도시에서 살아요.

도시인들에게 농업은 거리가 먼일처럼 보일지도 모르지만, 도시에서도 농업을 해요. '도시 농업'은 건물의 옥상이나 지하 공간, 학교 운동장, 주택의 베란다나 화단 등 도심에서 활용할 수 있는 공간을 최대한 이용해 농작물을 재배하는 활동이에요. 농산물을 재배하고, 유통하는 것까지도 포함하지요. 환경적인 면이나 경제적, 사회적 측면에서 사람들에게 편리함과 이로움을 주어요.

농경지 이외의 지역인 도시에서 농사를 짓는다는 것이 아주 새로운 것처럼 보일 수 있지만, 도시 농업은 오랜 역사를 가지고 있어요. 고대 메소포타미아의 도시인들은 농작물을 경작하기 위해 도시에 땅을 따로 마련해 두었다고도 하니까요.

도시 농업은 도심에 산뜻한 초록 환경을 만들어요. 한 나라에서 식량 생산량과 재고량을 어느 정도 일정하게 유지해 식량 확보를 위협하는 요소로부터 국민을 지키는 일을 '식량 안보'라고 하는데, 도시 농업은 식량 안보를 튼튼하게 해 주고 환경을 보호하는 중요한 역할도 해요.

기술 혁신으로 도시 농업이 더욱 다양하게 발전할 수 있도록 더 많은 연구와 투자가 이루어져야 할 거예요. 지속 가능한 도시 농업 모델을 만드는 노력도 중요해요.

도시에서 지하 농장을 운영해요

복잡하고 한정된 도시 공간을 활용해 농장을 운영할 수 있어요. 햇빛이 들지 않고, 환기가 잘 안되는 땅속에서도 식물을 키울 수 있지요. 지하는 오히려 식물들이 살기 좋은 조건을 갖추고 있어요. 땅속은 일 년 내내 일정하게 온도가 유지되고, 해충을 걱정하지 않아도 되거든요. 계절이나 날씨의 영향도 받지 않으니 최신 기술을 잘 활용해 농장을 운영하면 식물들을 훌륭하게 키울 수 있어요. 도심에 자리 잡고 있어, 갓 딴 싱싱한 채소를 빠른 시간에 배송할 수도 있지요. 이미 세계 여러 나라에서는 도시에 지하 농장을 운영하고 있어요.

영국 런던의 '그로잉 언더그라운드'

영국 런던 남부의 클랩햄노스 지하철역 밑에는 '그로잉 언더그라운드'라는 지하 농장이 있어요. 제2차 세계대전 때 대피소로 쓰이던 곳인데, 넓이가 약 10,000㎡, 깊이는 33m나 돼요. 세계 최초의 도시 지하 농장이지요. 이곳은 변덕스러운 런던 날씨의 영향을 받지 않고 일 년 내내 일정한 온도가 유지된다는 장점이 있어요. 도심에 위치해 배송 시간도 짧아지니, 사람들은 신선한 채소를 바로 먹을 수 있어요.

채소들이 잘 자랄 수 있게 지하 농장의 온도는 늘 16℃를 유지해요. 채소들은 층층이 쌓인 선반에서 햇빛 대신 LED 조명을 쬐며 수경으로 재배돼요. 식물이 자라는 데 꼭 필요한 요소인 햇빛과 흙을 LED 조명과 수경 재배로 대신하고 있지요. '수경 재배'는 식물을 흙에서 키우지 않고, 물에서 키우는 방식이에요. 원래 흙에서 자라고 뿌리 내리는 식물을 흙 대신 물과 영양분이 든 배양액에서 키우는 방식이지요. 자라나는 뿌리의 성장 과정을 잘 관찰할

영국 런던의 지하 농장 '그로잉 언더그라운드' 제2차 세계대전 때 대피소로 쓰이던 곳인데, 지금은 채소를 기르는 세계 최초의 도시 지하 농장이 되었어요. (사진·그로잉 언더그라운드)

수 있어요. 수초나 수생 식물처럼 원래 물에서 자라는 식물을 키우는 것은 수경 재배라 하지 않아요.

샐러리, 파슬리, 겨자잎 같은 식물들은 영양분을 푼 물 속에서 LED 빛으로 광합성을 하며 흙 없이도 잘 자라요. 최신 기술의 필터가 공기를 정화하고 해충도 걸러 주어 살충제는 필요 없지요. 땅 밑 지하 농장에서 농약을 전혀 쓰지 않는 100% 유기농 채소들이 탄생하고 있어요.

프랑스 파리의 지하 농장 '사이클로포닉스' 이곳에서 양송이, 표고버섯 같은 버섯들도 키우고, 치커리와 미니어처, 브로콜리 같은 새싹 채소들도 재배해요. (사진·사이클로포닉스)

프랑스 파리의 '사이클로포닉스'

프랑스 파리의 라사벨 인근 주택 단지의 지하 주차장에는 '사이클로포닉스'라는 지하 농장이 있어요. 9,100㎡ 공간의 유기농 농장은 일 년 내내 10~21℃의 온도를 일정하게 유지하며 다양한 채소를 키워요. 빛이 없어도 잘 자라는 치커리와 양송이, 표고버섯 등을 재배하고, 빛을 쪼여야 잘 자라는 새싹 채소처럼 잎사귀가 아주 작은 녹색 채소들은 LED 빛을 활용해서 키워요. 잘 자란 채소들은 전기 자전거와 전기 자동차를 이용해, 이산화탄소를 배출하지 않는 배송을 하고 있어요.

우리나라 서울 지하철역의 '메트로팜'

우리나라 서울의 지하철역에는 지하 농장 '메트로팜'이 있어요. 사물인터넷(IoT), 빅데이터, 인공지능(AI) 같은 첨단 정보통신기술(ICT)과 로봇을 활용해 식물을 키우는 똑똑한 스마트팜이에요. 5호선 답십리역, 7호선 상도역과 천왕역, 2호선 을지로3가역과 충정로역 등에서 운영되고 있지요.

햇빛 대신 LED 조명을, 흙 대신 물과 배양액을 활용해 채소들을 재배해요. 식물의 종류와 특징에 맞게 빛, 온도, 습도, 이산화탄소의 농도까지 자동으로 조절돼요. 일 년 내내 계절과 날씨에 상관없이 일정한 환경에서 식물을 기를 수 있지요. 덕분에 싱싱하고 깨끗한 채소를 매번 일정한 양으로 수확할 수 있어요. 몇몇 농장 옆에는 샐러드 자

서울 지하철 상도역의 '메트로팜' 사물인터넷, 빅데이터, 인공지능 같은 첨단 정보통신기술과 로봇을 활용해 식물을 키우는 똑똑한 스마트팜이에요. (사진·서울&)

판기가 있어서 막 딴 신선한 채소를 바로 구매할 수도 있어요. 사람들이 자주 찾는 대형 마트나 편의점 등에서도 '메트로팜'에서 자란 채소들을 만나 볼 수 있지요.

그중에서도 상도역의 '메트로팜'은 로봇이 씨를 뿌리는 것에서부터 수확하는 것까지 모든 과정을 스스로 운영해요. 로봇은 각 식물이 나서 자라는 성장 과정에 적합한 LED 조명 아래로 채소 선반을 옮겨 주어요. 정말 똑똑하지요. 모든 시설은 밀폐된 채 운영되고, 첨단 필터가 공기를 환기하고 미세먼지도 측정해 주어요.

도시에 옥상 농장을 만들어요

도시에는 지하 농장만 있는 게 아니에요. 고층 빌딩의 옥상에도 농장이 있어요. 인구는 계속해서 늘어만 가고, 농사를 지을 땅은 없고, 단거리 배송으로 탄소 배출량을 줄이고 싶은 도시인들은 옥상에도 농장을 만들고 있어요.

프랑스

프랑스에서는 쓸모없는 공간으로 내버려 두던 건물 옥상에서 식물을 키우고, 벌도 키우고, 나무도 키워요. 2020년 6월 15일에는 프랑스 파리에서 유럽 최대 규모의 도시 옥상 농장 '네이처 얼바인'이 문을 열었어요. '네이처 얼바인'은 1만4,000㎡(약 4,235평) 크기로 축구장 두 개를 합친 정도 크기의 옥상 농장이에요. 10년 동안 꾸준히 공

프랑스 파리의 도시 옥상 농장 '네이처 얼바인' 축구장 두 개를 합친 정도의 크기로, 유럽 최대 규모의 도시 옥상 농장이에요. (사진·네이처 얼바인)

사해 약 30종의 식물을 재배할 수 있는 시설을 만들었어요. 흙 없이 빗물을 이용하고, 영양분이 공급되는 기둥을 설치해 식물들을 재배해요. 수돗물을 거의 사용하지 않고도 좁은 공간에서 많은 식물을 키울 수 있어요. 파리 주변에 사는 주민들에게 하루에 1톤 정도의 채소를 공급할 수 있지요.

파리는 도시 건물의 옥상이나 벽 같은 공간에, 총 100헥타르(100만㎡) 정도 면적을 식물로 뒤덮겠다는 계획을 실행하고 있어요. 그중 3분의 1에 해당하는 공간에서 도시 농업을 한다는 큰 그림을 그리고 있지요.

도시엔 사람, 건물, 자동차가 워낙 많아 열도 많아요. 한여름 도심의 아스팔트는 열을 금세 흡수해 뜨겁게 달아오르거든요. 프랑스에서는 점점 뜨거워지는 도심의 열을 식혀 주기 위해 새로 짓는 상업용 건물 옥상에는 반드시 식물을 키우게 하거나 태양 전지판을 설치하도록 아예 법으로 정했어요.

싱가포르

싱가포르에서는 정부가 도심의 옥상 농장 설립을 적극적으로 지원하고 있어요. 쇼핑몰, 학교, 주차장, 창고, 교도소로 이용하던 건물의 옥상까지 농장으로 적극 활용하지요. 한정된 도시 공간을 효율적으로 사용하기 위해 농업인들이 창의적인 아이디어를 생각해 내고, 정부가 적극적으로 지원해 주는 덕분이에요.

싱가포르는 전체 식량 소비량의 90%를 수입에 의존할 정도로 식량 자급률이 매우 낮았어요. 그러다가 코로나19가

싱가포르 푸난몰의 도시 옥상 농장 한정된 도시 공간을 효율적으로 사용하기 위한 아이디어에서 시작되었어요. **(사진·푸난몰)**

발생한 직후에 식량 확보가 더욱 불안정해지자, 정부는 도심에 옥상 농장을 설치하기 위한 예산을 추가로 배정했어요. 농기업들은 좁은 공간을 잘 활용할 수 있는 새로운 식물 재배 방식을 고안해 내고 있고, 정부는 2030년까지 식량 자급률을 30%까지 끌어올릴 것을 목표로 옥상 농장을 능동적으로 지원하고 있어요.

태국

태국 방콕의 탐마삿대학교 랑싯 캠퍼스에는 아시아 최대 규모의 옥상 농장이 있어요. 태국의 계단식 논에서 영감을 얻어 계단식 옥상 농장으로 조성했지요. 옥상을 여러 단으로 나누어 빗물이 경사를 따라 지그재그로 흘러내리는 구조로 설계했어요. 7,000㎡(약 2,117평) 규모의 농장에서 벼, 레몬, 관목, 허브 같은 식물들을 키워요.

원하는 사람은 누구나 공간을 사용할 수 있지요. 이곳에서 수확하는 작물들은 학생들에게 제공되고, 버려지는 음식물 쓰레기는 퇴비로 재활용해요. 옥상 농장은 물을 저장하고, 가뭄과 홍수에도 대비해요. 태양 전지판을 설치해 시간당 최대 50만 와트의 전기도 생산해 내지요. 옥상 농장은 휴식 공간으로서의 역할도 톡톡히 해요. 학교 옥상이 다재다능한 공간으로 변신에 성공했어요.

미래형 스마트팜, 수직 농장

'스마트팜(smart farm)'은 정보통신기술(ICT)을 이용해 시간과 공간의 제약 없이 농작물의 생육 환경을 최적의 상태로 관리하는 농업 방식이에요.

수직 농장도 스마트팜이지요. '수직 농장'은 한정된 실내 공간에서 여러 층으로 된 선반을 위로 높게 쌓아 올려 식물을 재배하는 농업 방식이에요. 작은 공간에서 더 많은 작물을 생산할 수 있어요. 물과 영양분이 든 배양액에 식물을 심어서 재배하는 수경 재배와 식물을 흙이나 배양액에 심지 않고 공중에 매달린 베드에 뿌리내리게 한 뒤, 물과 양분을 뿌리에 뿌려서 재배하는 공중 재배 방식이 있어요.

수직 농장은 햇빛과 흙 없이 식물을 키워요. 식물들은 햇빛 대신 LED 빛으로 광합성을 하고, 흙 대신 배양액을 빨아들이며 외부와 완전하게 격리한 채 자라나지요. 일 년 내내 신선한 유기농 채소를 먹을 수 있다는 것이 가장 큰 장점이에요. 살충제나 화학 약품은 사용하지 않아요. 유전자 변형 생물(GMO) 걱정도 필요 없지요.

수직으로 재배하는 방식은 땅을 적게 사용하면서 생산량은 크게 늘릴 수 있어요. 물도 재활용할 수 있지요. 사물인터넷(IoT) 기술을 적용해 인공지능(AI)이 관리하고, 빅데이터로 축적된 재배 정보를 이용해 자동으로 운영해요.

수직 농장은 계절과 기후 변화의 영향을 받지 않으면서 식물이 잘 자랄 수 있는 완벽한 환경을 만들어 주어요. 적은 비용으로 더 많은 채소를 키우고, 자연의 맛은 그대로 느낄 수 있어요. 네덜란드, 미국, 일본 등에서 시작해 싱가포르, 두바이, 아랍에미리트, 중국 등 세계 여러 나라에서 기술을 도입하고 있어요.

최근에는 집에서 체험해 볼 수 있도록 아주 작게 만든 가정용 스마트팜도 선보이고 있어요.

미국 캘리포니아의 수직 농장 '플렌티' 햇빛 대신 LED 빛을 비춰 주고 파이프를 통해 물을 공급하며 식물을 재배해요. (사진·플렌티)

미국의 '플렌티'

미국 캘리포니아의 '플렌티'는 대표적인 수직 농장이에요. 햇빛을 대신해 LED 빛이 공간 사이사이를 비추고, 파이프를 통해 식물들에게 영양분과 물을 공급해요. 이 수직 농장은 물을 95% 이상 재활용할 수 있어요. 땅 소비량을 99%나 줄이는 데도 성공했지요. 땅 면적에 비해 360배나 더 많이 채소와 과일을 생산할 수 있어요. 플렌티는 중국에 300여 개의 수직 농장을 지을 예정이고, 베이징과

미국의 수직 농장 '에어로팜스' 식물을 공중에 매달린 베드(bed)에 뿌리내리게 한 뒤 물과 양분을 뿌리에 뿌려서 재배하는 공중 재배 방식으로 재배해요. (사진·에어로팜스)

상하이, 선전 등에서 수직 농장 체험 센터도 운영할 계획이에요.

플렌티와 함께 대표적인 수직 농장으로는 공중 재배 방식을 활용하는 '에어로팜스', 수경 재배 방식을 적용하는 '플레이트 팜스' 등이 있어요.

덴마크의 '노르딕 하비스트'

유럽에서도 수직 농장을 운영해요. 덴마크의 코펜하겐

덴마크의 수직 농장 '노르딕 하비스트' 유럽 최대 규모의 수직 농장으로, 1년에 200톤가량의 채소를 재배해요. **(사진·노르딕 하비스트)**

에는 '노르딕 하비스트'라는 유럽 최대의 수직 농장이 있어요. 노르딕 하비스트는 수직 농장이지만, 미국의 '플렌티'와는 시스템이 조금 달라요. 풍력 에너지를 100% 활용하고, 작물을 수평으로 재배하지요. 7,000㎡ 넓이에 14층으로 이루어진 수직 농장에서 1년에 200톤가량의 채소를 생산해 내요. 연간 1,000톤으로 생산량을 늘리기 위해 재배 시설을 확장할 계획도 있어요. 덴마크에서는 비교적 풍력 에너지를 구하기가 쉽고, 물은 대부분 재활용해요. 작

풍력 에너지를 활용하는 '노르딕 하비스트' 이곳에서는 풍력 에너지를 100% 활용하며, 작은 로봇들이 통로에서 통로로 씨앗 선반을 나르며 상추, 허브, 케일 같은 다양한 채소를 키워요. (사진·노르딕 하비스트)

물에서 버려지는 뿌리 부분은 따로 모아서 발효시켜 비료로 활용하지요.

작은 로봇들이 통로에서 통로로 씨앗 선반을 나르며 상추, 허브, 케일 같은 다양한 채소를 키워요. 식물의 특성에 맞게 완벽하게 갖춰진 환경에서 1년에 최대 15번까지 수확할 수 있으니 대단하지요. 사람들은 일 년 내내 신선한 채소를 먹을 수 있어요. 아직 재배 과정에서 에너지 소모가 꽤 있지만, 땅과 물 사용량이 매우 적고 농약이나 살충제를 뿌리지 않으니 친환경적이에요.

기후나 토양 조건에 영향을 받지 않기 때문에 싱가포르, 두바이, 아랍에미리트, 중국 등 많은 나라에서 수직 농장 기술을 도입하고 있어요. 특히 사막처럼 물이 귀하고 농경지가 절대적으로 부족한 중동 국가에서 수직 농장은 아주 매력적인 미래 농업 기술이거든요.

우리나라 최대 실내 농장 '팜에이트'

'팜에이트(Farm8)'는 우리나라에서 가장 큰 수직 농장이에요. 2004년부터 농업에 정보통신 기술을 결합해 온도, 습도, 조명, 이산화탄소 농도 등을 자동으로 조절하는 시설을 만들었어요.

수직 농장에서는 식물들이 담긴 재배용 선반을 층층이 쌓아 놓고 키워요. 초록 채소들은 분홍색 LED 빛을 받으며 광합성을 하지요. 식물의 성장 과정을 4단계로 나누어 단계별로 적합한 환경으로 옮겨 가며 키워요. 일 년 내내 22~23℃의 온도를 유지하니 실내는 후끈후끈하지요. 파프리카, 새싹 채소, 어린잎 채소, 허브 등 150여 종의 식물

우리나라 실내 농장 '팜에이트' 정보통신 기술을 결합해 온도, 습도, 조명, 이산화탄소 농도 등을 자동으로 조절하여 채소를 재배하고 있어요. **(사진·팜에이트)**

들을 재배하는데, 완전히 밀폐된 공간에서 깨끗하게 관리하고 있어 세균이나 병균 걱정은 없어요. 35~40일 동안 식물들이 다 자라면 수확하지요. 기후 변화와 미세먼지의 영향을 받지 않아, 일정량의 작물을 안정적으로 공급할 수 있어요.

수직 농장은 같은 크기의 일반 농지에서 재배할 때보다 생산량이 40배는 더 높아요. 농약이나 살충제를 쓰지 않아 친환경적이지요. 가까운 도심에서 배송하니 신선하게 먹을 수 있어 인기도 좋아요. 사람들이 자주 찾는 대형 마트뿐만 아니라 버거킹, 써브웨이, KFC, 스타벅스, CU, GS25 등 '팜에이트'의 채소가 들어가지 않는 곳을 찾기가 힘들 정도예요. 하루에만 30톤, 약 6만 5,000팩의 샐러드를 공급하고 있어요.

'팜에이트'는 서울 지하철역의 지하 공간에서도 수직 농장을 운영해요. 특이하게 남극에서는 세종 기지 대원들을 위해 특별히 제작된 컨테이너에 수직 농장을 만들었어요. 연평균 기온이 영하 23도로 매우 추운 남극에서도 신선한 채소를 먹을 수 있지요.

'팜에이트'는 중동 지역에 대규모 설비 수출을 앞두고 있고, 가정용 미니 스마트팜을 만들 계획도 있어요. 아직 스마트팜이 전체 농업 생산량에서 차지하는 비중은 1% 미만이지만, 10년쯤 후엔 채소뿐만 아니라 딸기, 토마토, 망고 같은 과일도 스마트팜에서 재배해 저렴하게 먹을 수 있는 날이 올 거예요.

미래에 스마트팜은 왜 중요한가요?

농업 인구가 급격하게 줄고 있어요. 우리나라 전체 인구에서 농업 종사자가 차지하는 비율이 1960년대에는 57%였는데, 현재는 4.5%로 급격히 감소했어요. 게다가 농촌 가구는 만 65세 이상 고령 인구가 차지하는 비율이 46.8%나 돼요. 농업이 아닌 다른 일거리를 찾아 농촌을 떠나는 사람들이 많아진 까닭이지요. 귀농 인구가 느는 것 같더니 크게 붐을 일으키지는 못했어요. 이러한 문제를 풀어갈 수 있는 대안이 바로 스마트팜이에요. 스마트팜은 체계화된 정보를 기반으로, 사람들이 안정적으로 농산물을 생산할 수 있게 도와주거든요.

스마트팜이 증가하는 기후 위기의 대응 방안이 될까요?

수직 농장의 핵심은 외부 환경에 영향을 받지 않는 장소, 햇빛을 대신해 작물 생장에 최적화된 빛, 영양분, 온도, 작업을 효율적으로 하게 해 주는 자동화 시스템으로 설명할 수 있어요. 생산성과 품질을 유지하려면 최적의 생육 환경을 조성하고 유지해야 해요. 최근에는 정보통신기술(ICT), 사물인터넷(IoT), 인공지능(AI) 같은 기술들을 적극적으로 활용하고 있어요.

스마트팜은 밀폐된 실내 농장에서 외부 환경의 영향을 받지 않고 작물의 생육 단계에 맞게 온도, 습도, 이산화탄소 농도 등을 정밀하게 관리할 수 있어요. 태풍이나 가뭄, 홍수, 지진, 화산 폭발, 해일 같은 자연재해로부터 자유로운 경영이 가능하지요.

스마트팜이 세계적으로 빠르게 성장하는 이유는 외부 환경과 기후 변화의 영향을 받지 않고 일정한 품질과 규격의 농산물을 일 년 내내 생산할 수 있기 때문이에요.

방울토마토 기르기

집에서도 식물을 기를 수 있어요. 방울토마토 씨앗을 심고
나서 열매를 맺을 때까지, 차분하게 기다리며 길러 볼까요?

준비해요

화분, 배양토, 방울토마토 씨앗(또는 방울토마토 키우기 키트) 등

길러 보아요

① 화분, 배양토, 방울토마토 씨앗 등을 준비해요. 방울토마토 식
　 물 키우기 키트를 준비해도 좋아요.
② 배양토를 화분에 담고, 살짝 힘주어 꼭꼭 눌러 주어요.
③ 배양토가 촉촉해지도록 물을 충분히 주어요.
④ 촉촉해진 배양토에 1cm 정도 깊이로 홈을 파서, 씨앗을 하나
　 씩 겹치지 않게 심어 주어요. 너무 깊게 심으면 발아가 늦어
　 지거나 안 될 수 있어요!
⑤ 흙이 촉촉하게 유지되도록 물을 잘 주어요. 통풍이 잘되는 그
　 늘에서 20~25도 정도의 온도를 유지해 주면, 약 7~10일 후에
　 싹이 나와요.

방울토마토 (사진·픽사베이)

⑥ 싹이 나오면, 햇볕이 잘 드는 장소로 화분을 옮겨 주어요. 씨
앗을 심은 지 약 100~140일 후에 열매를 맺어요.
⑦ 열매를 맺을 때까지 햇볕에서 물을 잘 주며 키워요.

'퓨처 푸드' 과학 캠프를 마치며

이레는 과학 캠프에서의 모든 것이 흥미롭기만 했어요. 과학 캠프 첫날 글쓰기 특강에서, 일정한 방법으로 꾸준히 노력하면 누구나 잘 쓸 수 있다는 말은 정말 인상적이었죠.

이레는 매일 저녁 연구하는 시간에 차분하게 몰입했어요. 그날 들은 강의 내용을 정리하고, 친구들과 서로의 생각을 이야기 나누어 보기도 하고, 궁금했던 것은 좀 더 알아보며, 관련 주제를 확장해서 더 깊게 알아보았어요.

과학 캠프 마지막 날에는 각 팀의 대표가 매일 저녁 연구하는 시간에 완성한 과학 에세이를 발표하는 시간을 가졌어요. 이레는 용기를 내서 팀의 대표가 되어 발표도 했어요. 재미있는 이야깃거리로 쉽고 재미있게 들려주어야 하는데, 부족한 것 같고 긴장하기도 했지만 열심히 했어요.

발표가 끝나고, 과학 캠프 선생님이 이레에게 과학 캠프 동안 가장 좋았던 것을 물어보았어요.

"가장 관심이 가는 것은 고기를 실험실에서 만들어 내는 배양육 연구원이에요. 제가 열렬한 고기 러버라, 관심이 가지 않을 수 없어요. 그리고 곤충 식품 연구원, 새로운 스타일의 우유와 달걀 개발자, 그리고 아직 개척되지 않은 또 다른 새로운 분야의 식품공학 연구원에도 다 관심이 가요."

"그리고 수직 농장도 인상적이었어요. 수직 농장의 농장주가 되고 싶기도 해요. 헤헤."

수직 농장 농장주라는 말에 여기저기서 웃음이 터져 나왔어요.

"무엇보다도 새로운 것을 알아가며, 새로운 생각들을 할 수 있어서 그 점이 가장 좋았어요."

"캠프에서 지내는 동안 매일 저녁 하루를 돌아보며 차분하게 몰입할 수 있는 연구하는 시간도 좋았고, 야식으로 컵라면 먹는 것도 좋았어요."

"발상의 전환도 중요하다고 생각해요. 이미 있는 것이지만, 새로운 생각과 참신한 방식으로 식물성 고기와 배양육, 식물성 달걀과 인공 우유를 개발한 사람들처럼 저도 새롭고 기발한 생각을 하고 싶어요."

여섯 팀의 발표가 모두 끝나고 즉석에서 가장 재미있게 발표한 팀을 뽑아 보았는데, 친구들이 이레의 발표에 손을 들어 주었어요. 이레는 부족했지만 재미있게 들어 준 친구들이 고마웠어요.

이레를 데리러 온 엄마가 조금 일찍 캠프에 도착했어요. 이레는 엄마와 함께 수료식에 참여하며 아쉬운 캠프에서의 일정을 모두 마쳤어요.

그날 저녁 온 가족이 거실에 모였어요. 이레는 자기가 했던 발표가 친구들이 뽑은 가장 재미있는 발표로 뽑혔다며 엄마, 아빠에게 자랑했어요.

"엄마, 아빠 앞에서도 한번 발표해야 하는 거 아니니?"

엄마의 말에 이레는 쑥스러웠지만 엄마, 아빠 앞에서도 발표하기로 했어요. 두 번째 하는 발표라 그런지, 아니면 맘 편한 가족들 앞이라 그런지 여유 있게 발표했지요. 끝내고 인사까지 마치자 모두 박수를 쳐 주었어요.

엄마가 머리 위로 두 팔을 올려 힘껏 박수를 치며 말했어요.

"이레, 열심히 했네. 잘 알지 못했던 새로운 내용이 많다. 잘 들었어! 그나저나 이레는 꿈이 더 많아져서 고민되겠다……. 그래도 하고 싶은 게 많은 게 좋은 거야."

엄마는 미래에 챙겨 먹을 단백질 음식들이 다양해서 좋다고 했어요. 맛이 궁금하다며 식물성 달걀로 스크램블드에그도 만들어 보고, 식물성 햄버거도 사 먹어 볼 거라고 했어요. 무엇보다도 토마토로 만든 참치, 가지로 만든 장어, 당근으로 만든 연어 맛이 제일 궁금하다고 했어요.

잠자코 듣고 있던 아빠가 말했어요.

"발상의 전환이 참 중요한 것 같아. 곁에 늘 있는 것도 조금 다른 관점에서 생각해 보면 새로운 발견이 될 수도 있으니까. 거기서 발전해 참신한 발명으로 이어질 수도 있고……."

이레도 엄마, 아빠가 자신의 발표를 진지하게 들어 준 것 같아 기분이 좋았어요.

이레 또한 발상을 전환해서 새로운 생각으로 식물성 고기와 배양육, 달걀과 우유를 개발한 사람들처럼 자신도 기발한 생각을 하고 싶다고 했어요.

아빠는 그러려면 호기심과 상상력이 풍부해야 한다며, 한 분야에서 끈기 있게 몰입하는 집중력도 중요하다고 했어요. 글 쓰는 것뿐만 아니라, 수학과 과학도 알아야 하고, 사회와 경제도 잘 알아야 한다고요. 어쨌거나 지금은 학생이니까 학교에서 잘 배워야 한다며 또 잔소리를 시작했어요.

"으악, 알았어요!"

예상치 못한 시점에 터진 아빠의 잔소리에 이레는 방으로 쪼르르 도망치듯 들어갔어요. 방에서 엄마와 아빠의 웃음소리가 조그맣게 들려왔어요.

이레는 하루에 두 번이나 발표를 하고 나서 피곤했는지 눈꺼풀이 감기며 자꾸 잠이 쏟아졌어요. 침대에 몸을 던지고 이불을 푹 뒤집어썼어요. 아빠 잔소리가 듣기 싫기는 했지만, 새롭고 기발한 좋은 생각을 하려면 아빠 말이 틀린 말은 아니라고 생각했어요.

"도서관에서 빌려온 책 얼른 갖다줘야 하는데……. 내일부턴 〈에밀어린이신문〉도 다시 봐야 하고. 근데 내일 깜치에겐 무슨 간식을 만들어 주지?"

이레는 이런저런 생각을 하다가 어느새 스르륵 잠이 들었어요.

왜 천천히 읽기를 해야 하는가?

'천천히 읽는 책'은 그동안 역사, 과학, 문학, 교육, 지리, 예술, 인물, 여행을 비롯해 다양한 주제와 소재를 다양한 방식으로 펴냈습니다. 왜 천천히 읽자고 하는지 궁금해하는 독자들이 있어서 몇 가지를 밝혀 둡니다.

- '천천히 읽는 책'은 말 그대로 독서 운동에서 '천천히 읽기'를 살리자는 마음을 담았습니다. 천천히 읽기는 '천천히 넓고 깊게 생각하면서 길게 읽자'는 독서 운동입니다.

- 독서 초기에는 쉽고 가벼운 책을 재미있게 읽을 수 있는 방법으로 시작해야겠지요. 그러나 독서에 계속 취미를 붙이기 위해서는 그 단계를 넘어서 책을 깊이 있게 긴 숨으로 읽는 즐거움을 느낄 수 있어야 합니다. 그래야 문해력이 발달합니다.

- 문해력이 발달하는 인지 발달 단계는 대체로 10세에서 15세 사이에 시작합니다. 음식을 천천히 씹으면서 맛을 음미하듯이 조금 어려운 책을 천천히 되씹어 읽으면서 지식을 넘어 새로운 지혜를 깨달을 수 있습니다.

- 독서 방법에는 다독, 정독, 심독이 있습니다. 천천히 읽기는 정독과 심독에서 꼭 필요한 독서 방법입니다. 빨리 많이 읽기는 지식을 엉성하게 쌓아 두기에 그칩니다. 지식을 내 것으로 소화하기 위해서는 정독이 필요하고, 지식을 넘어 지혜로 만들기 위해서는 심독이 필요합니다.

- 어린이들한테는 쉽고 가볍고 알록달록한 책만 주어야 한다고 생각하는 어른들이 있습니다. 그러나 독서력이 높은 아이들은 어렵고 딱딱한 책도 독서력이 낮은 어른들보다 잘 읽습니다. 그런 기쁨을 충족하지 못할 때 반대로 문해력도 발달하지 못하면서 책과 멀어지게 됩니다.

'천천히 읽는 책'은 독서력을 어느 정도 갖춘 10세 이상 어린이부터 청소년과 어른까지 읽는 책들입니다. 어린이, 청소년과 어른들(교사와 학부모)이 함께 천천히 읽으면서 이야기를 나눌 수 있는 읽기 자료가 되기를 바라는 마음에서 만들고 있습니다.